全尾砂深锥浓密絮团行为与脱水机理研究

焦华喆　杨亦轩　张　影　王　蔚　著

中国矿业大学出版社

·徐州·

内 容 提 要

　　本书以会泽矿全尾砂膏体充填系统为研究对象,按照从宏观到细观、从现象到机理、从定性到定量的整体思路,研究了全尾砂絮团沉降行为,揭示了絮团群搅拌浓密机理,完善了设备关键参数及相关设计理论,最终提出了剪切排水模式假说,建立了压缩屈服应力与剪切屈服应力关系方程和基于床层压缩过程的全尾砂深锥浓密动态模型。

　　本书各章节内容循序渐进,兼具了专业性、实用性以及较强的可操作性,可作为高等学校相关专业高年级本科生及研究生的教学用书,也可供研究人员在研究尾砂絮团的浓密性能和脱水性能时参考。

图书在版编目(CIP)数据

　　全尾砂深锥浓密絮团行为与脱水机理研究/焦华喆
等著. 一徐州:中国矿业大学出版社,2021.11
　　ISBN 978 - 7 - 5646 - 5223 - 4

　　Ⅰ.①全… Ⅱ.①焦… Ⅲ.①煤矿开采—充填法—研
究 Ⅳ.①TD823.7

　　中国版本图书馆 CIP 数据核字(2021)第240541号

书　　名	全尾砂深锥浓密絮团行为与脱水机理研究
著　　者	焦华喆　杨亦轩　张　影　王　蔚
责任编辑	何　戈
出版发行	中国矿业大学出版社有限责任公司
	(江苏省徐州市解放南路　邮编221008)
营销热线	(0516)83884103　83885105
出版服务	(0516)83995789　83884920
网　　址	http://www.cumtp.com　**E-mail**:cumtpvip@cumtp.com
印　　刷	徐州中矿大印发科技有限公司
开　　本	787 mm×1092 mm　1/16　**印张** 9　**字数** 171 千字
版次印次	2021 年 11 月第 1 版　2021 年 11 月第 1 次印刷
定　　价	35.00 元

　　(图书出现印装质量问题,本社负责调换)

前　言

矿产企业对金属资源回收率日益重视,选矿时矿石被磨得越来越细,尾砂由于极细的粒径和特殊的表面化学特性,易与水形成固液溶胶,与絮凝剂混合形成絮网结构,全尾砂的脱水难度越来越大,成为膏体充填技术发展的瓶颈。传统低浓度处置技术仅利用全尾砂中粒度较粗的部分,粒度较细的部分需要单独处理,造成充填体含水量大,输送临界流速高,采场与库内泌水量大,运行过程易导致堵管、挡墙倒塌、浸润线高等问题的发生。高浓度滤饼处置成本高、效率低,不适合在矿山进行大规模应用。全尾砂膏体充填处置技术能够利用尾砂中的全部粒级,技术可靠,不产生附加问题,尾矿利用率高,生产的膏体材料在输送过程中不发生离析,在采场库内也不发生泌水,具有良好的稳定性、流动性和可塑性。全尾砂重力浓密以各类重力浓密机为核心,深锥浓密是目前最先进、造浆浓度最高、工艺环节最简单的重力浓密技术,代表了未来的发展方向。深入开展全尾砂浆体可浓密性能的研究,分析全尾砂脱水固液逆向渗流规律,研究膏体流变参数的时变特性,对膏体充填技术均有重要意义,可以突破传统低浓度分级处置技术废水排放量大、尾矿利用率低的限制,提高全尾砂堆存效果与充填接顶率,不仅提高了井下采矿作业的安全性,还具有巨大的环保优势。

本书分为 7 章。第 1 章介绍了全尾砂方面研究的国内外现状及本书的主要研究内容;第 2 章通过全尾砂絮凝沉降实验及絮凝剂优选等实验,选出实验材料的最佳比例;第3章通过对制备的固液混合体样品进行取样,并对样品进行 CT 扫描获得其微细观孔隙结构,从而分析絮团孔隙结构,对絮团孔隙结构进行三维重建;第4章在絮团形貌学、分形原理等理论的指导下,利用显微成像技术对絮团细观结构和压缩区内导水通道分布规律进行研究,并分析了絮团网状结构的力学特性,从力学角度解释了剪切排水的力学机理;第5章建立了基于床层压缩过程的深锥浓密动态模型,优化了固体通量的选择与计算方法,完善了浓密机的设计基础;第6章基于固体通量对比,将床层力学研究和固体通量预测理论进行工程验证,开展了浓密机直径计算方法优化研究。

全书由河南理工大学焦华喆、杨亦轩、张影、王蔚共同完成,由焦华喆规划、整理与统稿,其中杨亦轩参与第1章、第2章的整理与撰写,张影参与第3章、第4章的整理与撰写,王蔚参与第5章、第6章的整理与撰写。

本书得到了国家自然科学基金项目(51834001、51704094)和中国博士后基金(2020M672226)的资助,在此致以最诚挚的感谢!

本书也得到了煤炭安全生产与清洁高效利用省部共建协同创新中心的支持,在此表示衷心的感谢。

由于水平有限,书中难免有不足之处,恳请读者批评指正,我们将不胜感激。

著　者

2020 年 10 月

目　　录

1 绪 论

1.1 研究背景与来源

资源开采是推动我国经济发展的支柱性产业,是我们建设新型工业化和现代化国家的前提,同时也是全人类赖以生存和发展的必要基础。资源开采为建筑、能源、化工等行业发展提供了源源不断的动力,如图 1-1 所示。其中金属矿产资源为各行各业提供基础生产材料,占有极其重要的地位。

图 1-1 矿产资源的应用领域

目前,我国有 426 座城市基本上依靠矿业,大约涉及 3.1 亿人口;据统计,我国 70%以上的农业生产资料、80%以上的工业原材料、90%以上的一次能源均来自矿产资源[1-2]。其中,金属矿产资源的采掘及加工业对于 GDP 贡献率达到 6.3%。在改革开放的促进下,我国的矿山建设取得了极大的进步,尤其是进入 21 世纪,随着我国正式加入 WTO,我国的矿山开采技术得到了长足发展,逐渐形成了由浅入深、由易到难的新局面。

社会发展不断地加大了对矿产资源的需求,同时也增大了矿山的开发速度和建设力度;矿床开采将地下资源转移到地表,不仅产生了大量的固体废物,而且由此产生的井下采空区和地表尾矿库也成为了金属矿山的两个重大危险源。这不仅给人类的正常生活和工作带来安全隐患,还对自然环境造成了难以消除的污染[3]。

目前金属矿山堆存尾矿量已达到 80 亿 t 以上,且每年以 6 亿 t 的速度增长,不仅占用了大量土地,而且破坏了生态环境。宏观层面,采空区坍塌引发的事故占据矿山事故量的首位,尾矿库事故的危害水平在世界 93 种事故中排名第 18 位,两大危险源均会造成巨大的损失。

如 2008 年的山西襄汾县"9·8"尾矿库溃坝事故,该事故一共造成 277 人死亡,受灾人员达 1 047 人[4]。我国目前有近万座尾矿库,其中大部分不符合国家的安全标准,尾矿库发生溃坝的风险极大[5]。如果发生尾矿库溃坝事故,政府和社会还需要花费更多的资金对环境进行修复和改善[6]。如 2019 年巴西布鲁马迪纽市发生的淡水河谷公司尾矿库溃坝事故,尾矿废料和泥浆迅速淹没附近的行政中心和村庄,最终造成 235 人死亡和 35 人失踪[7],还带来一系列的环境治理问题,溃坝现场如图 1-2 所示。

图 1-2　尾矿库溃坝现场

低浓度排放是造成尾矿库发生灾害的一个重要因素,低浓度处置方式已经不能满足目前矿山的生产需要,尤其是在"绿水青山就是金山银山"的今天,因此必须打破以往对尾砂的处置思维,改变排放方式,改善处置效果,保证安全建设。在新形势下建设资源节约型与环境友好型的绿色矿山是保证我国矿产企业实现可持续发展的必由之路[8]。

尾矿库和采空区是目前非煤矿山安全生产中的两个重大隐患源,2012 年原国家安全生产监督管理总局就指出:新建金属非金属地下矿山必须对能否采用充填采矿法进行论证并优先推行充填采矿法。膏体充填法是将地表堆积的尾矿、废石、冶炼炉渣等固体废弃物制成膏体,回填到井下采空区,既提高了井下采矿作业的安全性,又充分利用了地表废弃物,达到"一废治两害"的目的,成为矿山最安全、高效、环保的采矿方法,膏体绿色处置原理示意图如图 1-3 所示。

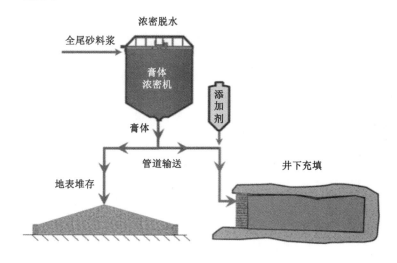

图 1-3　膏体绿色处置原理示意图

但全尾砂绿色处置技术面临细颗粒物料脱水困难、浓稠膏体与散体物料均匀混合难度大、膏体无压自然流动形态不易控制等一系列流体力学难题。因此,研究尾砂絮团的浓密性能和脱水性能对提高尾砂絮团浓度、增加充填体强度、优化充填处置技术具有重要作用。

1.2　研究意义

矿产企业对金属资源回收率日益重视,选矿时磨矿粒度越来越细,尾砂由于极小的粒径和特殊的表面化学特性,易与水形成固液溶胶体,与絮凝剂混合形成絮网结构,全尾砂的脱水浓密难度越来越大,成为膏体充填技术发展的瓶颈。

传统低浓度处置技术仅利用全尾砂中粒度较粗的部分,而粒度较细的部分需要单独处理,造成充填体含水量大,输送临界流速高,采场与库内泌水量大,运行过程中易导致堵管、挡墙倒塌、浸润线高等问题的发生。高浓度滤饼处置成本高,效率低,不适合在矿山进行大规模应用。

全尾砂膏体充填处置技术能够利用尾砂中的全部粒级,技术可靠,不产生附加问题,尾矿利用率高,生产的膏体材料输送过程中不发生离析,在采场库内也不发生泌水,具有良好的稳定性、流动性和可塑性。全尾砂重力浓密以各类重力浓密机为核心,深锥浓密是目前技术最先进、造浆浓度最高、工艺环节最简单的重力浓密技术,代表了未来的发展方向。

深入开展全尾砂浆体可浓密性能的研究,分析全尾砂脱水固液逆向渗流规律,研究膏体流变参数的时变特性,均对膏体充填技术有重要意义。本书所列研究成果突破了传统低浓度分级处置技术废水排放量大、尾矿利用率低的限制,提高了全尾砂堆存效果与充填接顶率,不仅可以提高井下采矿作业的安全性,还具有巨大的环保优势。

1.3 国内外研究现状

尾砂根据含水率(浓度)的不同可分为三种形态:浆体、膏体和滤饼。不同金属矿的尾砂,其物理化学特性有很大的不同,无法直接用浓度来界定三者的范围。国际上一般认为膏体的屈服应力值在 $100 \sim 250$ Pa 范围内,小于该范围的形态为浆体,大于该范围的形态为滤饼或散体[9]。

尾砂在膏体状态下,既利于泵送,又利于堆存。膏体达到一定浓度之后,性质比较稳定且含水率低,自然状态下固结速度快,颗粒群抗剪强度高,尾矿库安全性高[10]。膏体的脱水浓密过程是涉及多学科(流体力学、表面化学、流变学等)、多层面(理论、技术、工艺、设备等)的复杂过程,下面分别对重力脱水工艺及设备、浓密过程的尾砂运动力学行为、浆体流变学理论、深锥浓密机设计的研究现状及发展趋势进行综述。

1.4 全尾砂浓密脱水研究

1.4.1 重力脱水浓密工艺

全尾砂是矿山固废的主要组成部分,将低浓度全尾砂进行脱水浓缩是绿色处置的基础,但细颗粒全尾砂易与水形成固液溶胶,不易沉降分离,一般采用重力浓密的方法进行脱水。膏体充填技术在我国处于起步阶段,我国于20世纪80年代开始在金川公司和凡口铅锌矿开始试行高浓度全尾砂胶结充填技术。国外在胶结充填领域发展较早,最早的充填应用可以追溯到1960

年[11]。加拿大马赛尔怀特矿山从传统排放转变为浓密排放后,砂堆的密度增大了 10％,最终砂堆强度也更大[12]。

　　浓密处置是利用矿山固体物料制备成不脱水、高浓度、质地均匀的料浆充填地下采空区的工艺[13],尾砂浆浓密脱水后的状态如图 1-4 所示。虽然具有巨大的安全环保优势,但也面临尾砂浆脱水浓密方面的挑战。由于全尾砂粒度较细,在液体中不易沉降,因此尾砂浆的浓度提升难度较大。郭利杰等[14]提出了尾矿优选组合膏体充填技术,通过开展工业现场试验确定了该技术的可行性。Li 等[15]使用"犁土"的方法将 Gove(戈夫)矾土矿尾矿堆存体积减小了 20％,堆积强度也得到了提高。

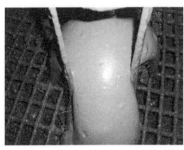

图 1-4　尾砂料浆脱水浓密后的状态

　　通过浓密机改进和工业试验研究,改善了某铁矿浓密机的脱水性能,尾砂絮凝性能得到改善,总耗水量减少了 23％,相当于每年可以节省 57.6 万美元[16]。郭雷等[17]详细地介绍了白音查干多金属矿的膏体充填与膏体堆存联合运转系统;吴爱祥等[18]总结了我国膏体充填技术的发展现状,并对未来发展趋势进行了预估,组建了膏体联合处置智能实验系统,如图 1-5 所示。

1.4.2　重力脱水浓密设备

　　在膏体充填系统中,将低浓度尾矿浓密成为膏体尾矿是整个充填系统的首要环节,膏体充填技术的核心是尾矿的浓密脱水。国内外一般采用重力脱水设备进行尾矿浓密,国内外学者认为耙架可以有效提高膏体的脱水性能,搅拌后的絮团结构更加紧凑、间距降低[19]。如表 1-1 所示,国外重力脱水设备可分为普通浓密机、陡锥无耙浓密机、陡锥浓密机、缓锥浓密机和深锥浓密机。设备提供的压缩区床层高度逐步增高,设备直径逐步缩小,料浆停留时间逐步增长。

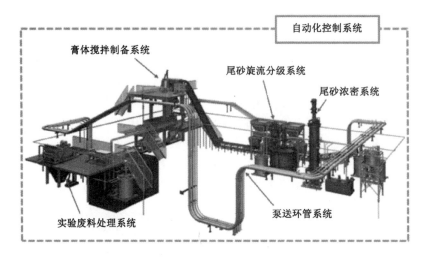

图 1-5　膏体联合处置智能实验系统

表 1-1　国外重力脱水设备分类及特性

浓密机分类	几何形状	压缩区床层高度	砂浆停留时间	最大直径	K	是否排出膏体	相对造浆浓度
普通浓密机		1 m	中等	120 m	<25	否	1(最低)
陡锥无耙浓密机（立式砂仓）		2～6 m	短	12 m		是	2
陡锥浓密机（＞60°）		2～6 m	短	12 m	<25	是	3
缓锥浓密机		3 m	长	90 m	>100	是	4
深锥浓密机		8 m	长	30 m	>125	是	5

注：K 为扭矩指数。

深锥浓密是在高效浓密的基础上，引入高压力（大高径比）、高强度排水（搅拌导水）等理念之后，产生的一种重力脱水技术。该技术具有底流浓度高、处理能力大、回水浊度低等一系列优势[20]，目前已经在多数矿山中得到广泛应用[21-22]。浓密机的动力学过程非常复杂，对浓缩机的控制很重要，可通过建立模型预测控制,最大限度地提高水回收率,显著改善以往操作困难、低流浓度不高等问题[23]。但是,目前高性能的深锥浓密机均被国外公司垄断[24],我国矿山企业在应用过程中付出了较大的经济成本,这也成为膏体充填技术在我国大范围应用,尤其是在中小型矿山应用的瓶颈之一。深锥浓密机工作原理如图1-6所示。

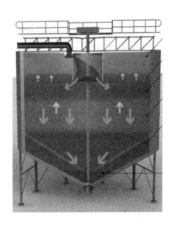

图1-6　深锥浓密机工作原理示意图

1.4.3　深锥浓密脱水效率研究

低浓度全尾砂浆从浓密机上部泵入中心给料井,与絮凝剂混合结成尺寸较大的絮团,快速向浓密机下部沉降,絮团在浓密机底部形成浓度较高的床层,并在耙架搅拌作用下进一步脱水浓缩。水向上流动,由溢流槽排出;高浓度物料由底部放出,达到固液分离的目的。深锥浓密效率及效果可以从絮凝沉降、底流浓度、搅拌阻力三个方面进行分析[25]。

（1）絮凝沉降

众多学者认为,絮凝沉降速度决定了脱水效率。传统浓密理论多偏重全尾砂颗粒的自由沉降和絮凝沉降机理。尾砂颗粒的表面化学性质和絮凝剂种类决定了絮团的大小、结构,从而决定了自由沉降速度。胶结充填体固液分离需要高效的絮凝沉降,采用响应面法（RSM）和Box-Behnken设计对镍尾矿矿浆的絮凝沉降参数进行优化,絮凝试验装置如图1-7所示,有助于尾矿管理和水循环利用,避免矿山空气污染、水污染和土壤污染[26]。杨宁等[27]通过实验表明,自然沉降的尾砂不能形成密实的充填体,需要借助絮凝剂来提高密实度。同时,当絮团进入压缩浓密区域时,由于絮团的沉积和絮团形成过程中的颗粒、絮凝剂分子碰撞,在压缩区域产生了两部分封闭无法排出的水分:絮团之间封闭的水分和絮团内部封闭的水分。

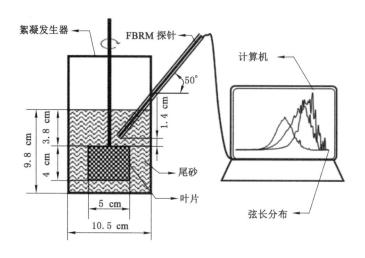

图 1-7　絮凝试验装置

　　絮团的结构、强度、间距等参数对这两部分封闭水分的排出过程产生了较为重要的影响,而排水过程进行的速度直接决定了脱水效率。Reis 等[28]发现聚丙烯大分子可以有效地使尾矿脱水和致密化,大分子单体共聚物降低了黏度和剪切敏感性,但是目前无法精确描述超细全尾的底流稠化机制。因此,低浓度沉降速度和高浓度排水速度共同决定了全尾砂脱水效率。针对江西某铅锌矿全尾砂难以浓缩的问题,通过固液两相耦合条件下静态和动态絮凝沉降试验,如图 1-8 所示,得出尾砂浆絮凝沉降规律,对絮凝剂选型、用量和给料速度等关键参数进行优化[29]。

　　(2) 底流浓度

　　床层压缩效果决定底流浓度,当沉降进行到容器底部时,絮团堆积起来形成高浓度的床层。Du 等[30]发现在沉降过程中,随着压缩区浓度提升,颗粒群间距减小,絮凝团相互接触并形成具有一定强度的蜂房结构,如图 1-9 所示;蜂房结构内部包裹大量的水分,限制浓度的进一步提升。对于重力沉降型浓密机,其下部高浓度床层的排水过程多是通过耙式搅拌系统的机械搅拌作用来实现的。机械力的作用破坏了絮团的结构,从而使得絮团内部水排至絮团之间。

图 1-8 动态絮凝沉降试验过程

图 1-9 絮团的蜂房结构和内部水分示意图

Tombācz 等[31]通过研究高岭土的细观絮凝机理提出絮团内部水的概念,如图 1-10 所示。机械力的作用破坏了各絮团之间的稳定状态和相对位置,使各絮团重新排列,在此动态过程中使得各部分相互分隔的水分有了充分接触,从而形成上下连通的导水通道将絮团间的水分排出。王志凯等[32]为了实现高浓度放砂,提高尾砂浓密效率,借助超声波有效地通过降低砂浆黏度加快了浓密脱水过程。因此,高浓度排水过程的深入程度决定了底流浓度的高低。于少峰等[33]通过提高底流浓度,解决了拜什塔木铜矿尾砂含泥量高而导致的沉降脱水效果差等问题。

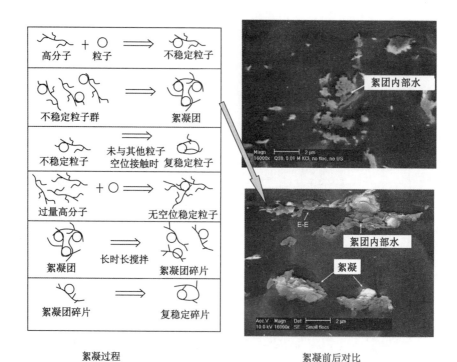

絮凝过程 　　　　　　　　　　　絮凝前后对比

图 1-10　絮凝过程及机理

（3）搅拌阻力

搅拌阻力决定设备功率和连续运行能力。脱水过程的持续进行对于搅拌阻力产生影响。在搅拌过程影响之下，絮团结构更加紧凑，间距缩小，尾砂颗粒与絮凝剂分子链的桥连作用更加稳固，含水量逐步减小，使得搅拌装置在压缩区的运动阻力增加。Henriksson[34]对浓密机耙架力学特性进行了分析，并指出提高泥层高度及底流浓度是浓密机发展的方向。耙架扭矩随泥层高度的变化规律可以分为缓慢、强化、线性三个阶段，随着泥层高度的增加，压密区尾砂颗粒受到的压力增大，砂浆密度提高并逐渐致密化，如图 1-11 所示，同时也导致耙架扭矩在不同阶段内增长规律不同[35]。

为防止因浓密机中心轴所受扭矩过大，而造成压靶事故的发生，优化设计浓密机中心轴与靶架间的连接方式，优化后不仅能满足强度、刚度要求，而且所受的极限扭矩大大降低，变形量也减小很多[36]。Tan 等[37]提出了一种控制底流浓度的模型，以此来防止出现压耙和泵送问题，如图 1-12 所示。王洪江

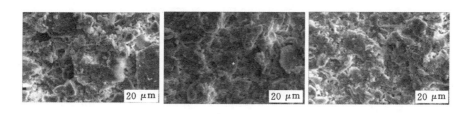

图 1-11 压密区不同高度上尾砂浆微观结构

等[38]提出了耙架扭矩计算模型,发现耙架扭矩随底流浓度增大而升高。Gálvez 等[39]提出了一种利用水力旋流器和浓缩器对脱水系统进行优化的设计方法。

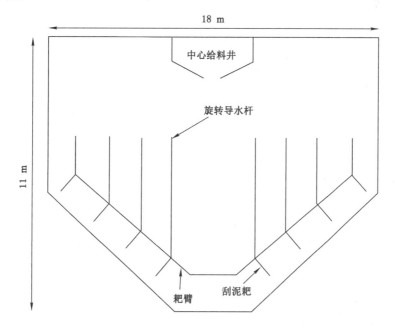

图 1-12 带耙臂、刮刀和旋转桩的浓密机设计

全尾砂絮凝沉降、底流浓度、搅拌阻力成为了影响浓密机设计运行的三个基本研究领域。絮凝沉降速度决定浓密机直径,剪切搅拌阻力决定驱动扭矩,而全尾砂絮团的结构参数、运移规律、力学行为是深层次的内在决定因素,控制着上述各个关键参数的计算与选取。

1.5　沉降过程中的尾砂和絮团行为研究

1.5.1　全尾砂的絮凝原理

选矿、冶金等行业中广泛使用的絮凝剂为阴离子型聚丙烯酰胺,其作用机理一般认为是"吸附-电中和-桥连"机理。在絮凝过程中,多个颗粒同时被同一高分子长链吸附,通过"架桥"方式将微粒连在一起,从而导致絮凝现象的发生[40]。颗粒上存在未被吸附的表面才能形成"架桥",如果絮凝剂浓度较高,颗粒表面已完全被絮凝剂基团覆盖,则颗粒不再"架桥"。当絮凝剂单耗较低时,尾砂沉降效果不佳,随着单耗逐渐增加,絮凝剂高分子链能与游离的"细"颗粒尾砂产生吸附桥连作用,加速液面沉降,如图 1-13 所示[41]。絮凝剂单耗存在饱和点,当超过饱和点后絮凝效果迅速下降[42]。阮竹恩等[43]研究了不同絮凝条件下全尾砂尺寸演化规律,发现全尾砂絮团的平均弦长与絮凝全尾砂料浆固液界面的初始沉降速率随着不同的絮凝条件而不断改变,固液界面初始沉降速率随着絮团平均弦长的增加而增加。

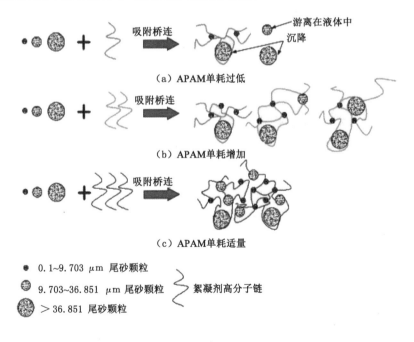

（a）APAM单耗过低

（b）APAM单耗增加

（c）APAM单耗适量

- 0.1~9.703 μm 尾砂颗粒
- 9.703~36.851 μm 尾砂颗粒　　絮凝剂高分子链
- ＞36.851 尾砂颗粒

图 1-13　不同絮凝剂单耗吸附"架桥"

2007年，Nasser等[44]发现尾砂颗粒表面离子数增加会造成絮团尺寸降低、密度增加，研究认为表面电位对絮团尺寸的影响可以从吸附和桥连两个角度进行解释，如图1-14所示。饶运章等[45]发现水化凝胶"包裹"作用使尾砂颗粒形成巨大的晶体颗粒，颗粒结构致密且孔隙结构较小。絮凝剂很难排除滤饼中的水分，在化学脱水剂的协同作用下，可以有效地提高颗粒沉降速率和降低滤饼水分，添加阳离子表面活性剂下的固体回收率为94%，滤饼水分降低到15%[46]。

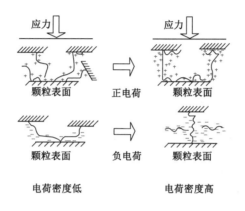

图1-14　离子类型对高岭土絮团结构的影响

1.5.2　全尾砂的沉降研究

对于固液两相流动，尤其是散体颗粒在水中的沉降和水平流动一直是基础研究领域的热点。全尾砂颗粒絮凝沉降速度的大小受多种因素的影响，其中颗粒表面电性、沉降环境pH值、絮凝剂类型及性能、剪切速率大小等因素均会对沉降效果产生较大影响。李公成等[47]研究了全尾砂絮团的浓密性能及在絮凝沉降过程中的尺寸演化规律。Dwari等[48]采用聚丙烯酰胺絮凝剂对铬矿尾砂絮凝和固结进行研究，发现可以通过改变离子性和分子量来提高沉降速率，如图1-15所示。

全尾砂絮凝沉降不仅受单一因素的影响，而且受多因素交互作用影响，需要研究各因素及其交互作用对全尾砂絮凝沉降的影响[49]，如图1-16所示。李宗楠等[50]通过研究扰动过程对絮凝沉降影响的内在机理，有效提高沉降速率，加快沉降并获得相对较高的底流浓度。张景等[51]发现随着pH值的增加，添加非离子型PAM的液面沉降速度逐步增加，阴阳离子型PAM添加后澄清液面沉降速度逐步减小。张钦礼等[52]借助主成分分析法和BP神经网络

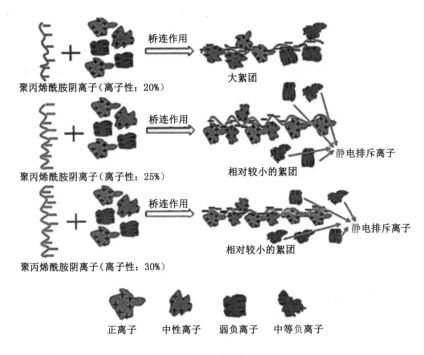

聚丙烯酰胺阴离子(离子性: 20%)　　大絮团

聚丙烯酰胺阴离子(离子性: 25%)　　相对较小的絮团　　静电排斥离子

聚丙烯酰胺阴离子(离子性: 30%)　　相对较小的絮团　　静电排斥离子

正离子　　中性离子　　弱负离子　　中等负离子

图 1-15　尾砂絮凝过程

优化了膏体的流变参数。史秀志等[53]以非离子型聚丙烯酰胺为絮凝剂进行了絮凝沉降试验,探究了超细粒级浸出渣的沉降规律。

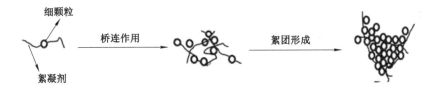

细颗粒　　桥连作用　　絮团形成

絮凝剂

图 1-16　絮凝剂作用机理及絮凝沉降过程

　　目前对于全尾砂絮凝沉降性能的研究多以提高沉降速度为目标,且多以初始沉降速度或者最大沉降速度作为评价指标来衡量沉降效果。实际过程中沉降速度是不断变化的,沉降速度的取值对于固体通量的计算结果影响巨大,因此,应进一步研究沉降速度与浓密机直径设计之间的深层次联系。

1.6 压缩过程中絮团结构及导水机理研究

絮团在絮凝沉降过程中,经历了快速沉降、缓慢沉降、稳定三个阶段,即絮团的沉降、压缩、自重固结过程,根据絮团的存在状态,分为澄清区、干涉沉降区和压缩床层区[54]。压缩床层区会以渗透性床层和非渗透性床层两种形式存在,由非渗透性床层向渗透性床层的转变决定于凝胶浓度,高于凝胶浓度时为渗透性床层。絮团结构对于导水效果的研究主要集中在以下几个影响因素:温度、pH 值、搅拌作用[55]。

1.6.1 絮团结构与导水过程研究

（1）pH 值对絮团结构的影响

李伟荣等[56]研究了不同 pH 值下高岭石颗粒聚团沉降特性,对颗粒表面电动电位、官能团和聚团形态进行了测试,发现 pH 值大于 6 时,颗粒聚团行为受 pH 值影响较大,如图 1-17 所示。章青芳等[57]分析了煤泥水 pH 值对沉降过程的影响,发现絮凝剂通过静电中和以及氢键缔合作用可明显降低煤泥表面的电负性,显著减小煤粒间的静电作用能,降低范德华作用排斥势能,增强煤粒间的凝聚能力,加速沉降。Zbik 等[58]对不同 pH 值环境下高岭土沉积床层絮团进行了扫描,发现随 pH 值的升高,絮团结构越致密,越利于底流浓度的提高,但致密的絮团也会给耙架的运行产生较大的阻力。

（a）pH值为3.3　　　　（b）pH值为5.8　　　　（c）pH值为11.3

图 1-17　不同 pH 值下高岭石颗粒聚团形态

在难以获得优质水的地区,在矿物加工中使用海水是一种选择,然而尾矿的脱水会在较高 pH 值下受到不利影响;发现借助海水进行絮凝作用,在 pH 值大于 10.3 时会因镁离子的沉淀而受限[59]。为了提高矿山污泥的沉降性能,以某铜矿废水为例,进行了污泥回流和氧化钙中和废水工艺条件研究,发现污泥回流比例为 40%、氧化钙用量为 22.0 g/L 的情况下,可以将废水的

pH 值调至 6 以上，且废水中金属离子浓度得到大幅度下降，可满足送尾矿库储存的要求[60]。

（2）耙动作用对絮体结构的影响

给料井初始湍流强度与耙架转速是影响全尾砂絮团尺寸与沉降行为的关键因素，通过高速摄像与粒子追踪技术，深入研究不同剪切环境下给料井内的絮团形成过程与沉降过程。絮团尺寸随初始湍流强度的增加而先增加后减小，相同条件下，剪切作用可加速絮团的沉降，如图 1-18 所示[61]。甘恒[62]通过改造浓密机给料井降低料浆流速，改善了固相沉积分散情况，保证矿浆可以均匀排出。Neelakantan 等[63]发现剪切作用在对絮凝剂——浓缩高岭土悬浮液的影响过程中产生了大量的较小聚集体。

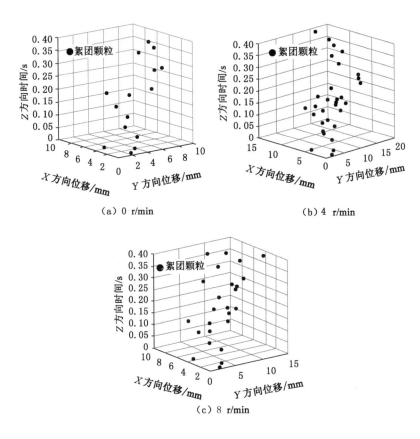

图 1-18　不同剪切作用下的絮团演化模型

絮团沉降至压缩区后,在桥连和碰撞作用下形成了蜂房结构,结构中包裹了大量的水分;封闭的蜂房结构在耙动作用下破坏,絮团间产生导水通道,同时产生低压力区,部分内部水分流出[64]。王学涛等[65]认为絮团的结构演化是以后的研究重点,浓密机内部流场数值模拟的研究是发展趋势。Du等[66]结合机械耙架与超声波研究了尾砂的絮凝沉降特性,发现适量的超声波能量可以打开封闭的网状结构,过渡区的絮团结构从以E-E结构为主向以F-F结构为主重新排列,使松散的集料被压实成更致密的F-F状态,如图1-19所示。

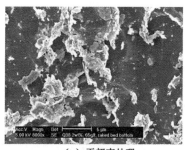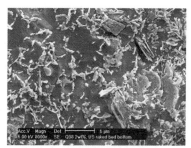

（a）无超声处理　　　　　　　　　　　（b）经过超声处理

图 1-19　床层结构扫描电镜图像

1.6.2　全尾砂絮团压缩行为的理论研究

（1）基于分形原理的絮团结构定量表征

常规的絮凝过程中,初始时颗粒结成小的絮体,然后小的絮体结成大的聚集体,最后一步一步成长为大的絮凝团,见表1-2。在此过程中形成的絮团具有两大特性:自相似性、标度不变性(即分形特性)。这是由于该过程具有随机性、非线性的特点,因此,很多学者利用分形方法研究絮凝形态学。黄忠钊等[67]发现在同一时刻絮团的粒径分布范围随着分形维数的降低逐渐变宽,大粒径絮团数量迅速增加,小粒径絮团数量逐渐减少;初始颗粒数量的衰减速率随分形维数的增大而增大。Saxena等[68]研究了在碱性条件下混凝水处理过程中,有机胶体和无机胶体的变化量对絮体粒径、分形维数和残余粒径等参数的影响。采用盒维数法测量分形维数,絮凝体的大小和分形维数取决于絮凝的规模和方式。

表 1-2　分形凝聚体的动力学生长模型

	反应控制	弹射	有限扩散
单体絮凝	EDEN,$D=3.0$	VOLD,$D=3.0$	SANDER,$D=2.5$
集团絮凝	RLCA,$D=2.09$	SUTHERLAND,$D=1.95$	DLCA,$D=1.80$

　　用分形维数表征絮体结构密实程度和絮团的生长程度,絮团表面凹凸不平,有各种"孔洞""缝隙",絮体内部存在一系列的孔隙,较大尺度的絮体同时存在多种孔道结构,构成絮体中颗粒物和水流的运输通道,絮体在较小的粒径时已经具有一定的分形特征,絮体的成长过程是一种絮团→絮团的凝聚过程[69],如图 1-20 所示。侯贺子等[70]发现压密区絮团体积所占比重较大,并且絮团连通性较好,絮团面积率与絮团分形维数的变化趋势相反,揭示了全尾矿浓密压密区细观结构规律。刘林双等[71]运用有限扩散凝聚模型对絮凝体的成长过程进行了三维模拟,研究结果对高浊度细颗粒含沙水流的治理与处理具有一定的理论和实际应用价值。Zhang 等[72]研究了聚丙烯分子与氧化铝颗粒之间的絮凝行为,通过建立起沉降速度与絮体结构之间的关系,发现分形维数与沉积物质越小的絮体,其沉降速度越快。

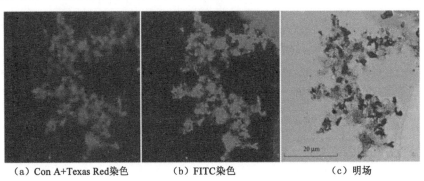

（a）Con A+Texas Red染色　　　（b）FITC染色　　　（c）明场

图 1-20　活性污泥絮体的 CLSM 图谱

　　随着研究的不断深入,在混沌学、分形学与耗散结构研究的基础上,人们逐步对无序的、无规则的絮凝过程开展了定量的研究。范杨臻等[73]基于分形理论构建了泥沙颗粒的絮凝沉降模型,发现絮团形态与泥沙颗粒的表面电荷量有关,电荷量越大,絮团形态越开放;表面电荷量越大絮凝沉降速度越缓慢;泥沙颗粒的带电量对絮团平均粒径分布有显著影响。赵静等[74]研究了絮团形成过程中的多重分形行为,发现随着絮团的生长和碎裂,多重分形图谱的形态发生规律性偏移,絮体分布均匀性呈现先增加后减小的变化趋势。

(2)全尾砂絮团群压缩性质

凝胶浓度表示悬浮液浓度达到可以形成连续网状结构的临界点。网状结构的强度用压缩屈服应力来表示,是指当网状结构产生不可恢复的屈服形变,从而达到更高的浓度所能承受的最大压缩应力。程海勇等[75]结合细观图像分析技术对屈服应力演化机理进行了研究,发现屈服应力随膏体稳定系数呈幂指数增长,随浓度呈指数型增长,随密度呈负指数增长。Angle 等[76]在油矿尾砂脱水研究过程中,发现最佳掺沙量可提高等效屈服应力下固体的固结体积分数,降低阻碍沉降函数值,提高重力沉降速率。

多数学者还提出和函数的建立表征了絮凝团及絮凝团群形成的网状结构的各种结构参数和力学行为规律,从而为进行网状结构封闭的水分的排出过程及机理的研究铺平了道路。Liang 等[77]对絮团特征的表征做了综述,提出絮凝作用可以加速颗粒的沉降和脱水,还可以提高精矿的回收率,减少矸石夹带。Guo 等[78]通过研究泥沙沉降和固结机理,发现在阻碍沉降和自重固结沉降阶段,泥沙沉降主要受初始含沙量和初始沉降高度的影响,如图 1-21 所示。李婷等[79]利用聚丙烯酰胺(PAM)加速泥浆泥水分离,发现在 PAM 作用下泥浆可以在短时间内的高混合强度下形成密实絮体,疏浚泥浆经历了沉降、压缩、自重固结过程。

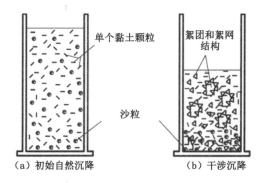

图 1-21 不同沉降阶段的泥沙颗粒状态

1.7 膏体流变学与剪切搅拌

1.7.1 膏体流变理论

脱水设备及工艺决定着浆体的浓度和屈服应力,如图 1-22 所示。浓度越高,屈服应力越大,所需要的脱水动力越大。随着全尾砂深锥浓密过程的进行,当全尾砂絮团进入压缩沉降之后,颗粒间距减小,固体浓度升高,浆体的流变特性逐步从牛顿流体转变为非牛顿流体[80],其宏观流变学参数对于全尾砂的脱水浓密过程的影响较大,主要表现为絮团结构强度增加,水分排出困难,搅拌阻力增加,系统稳定性降低。

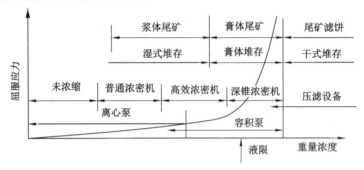

图 1-22 全尾砂浆体脱水工艺与浓度的关系

膏体流变学的基础是浆体流变学和固体流变学,由于膏体中含有大量的超细颗粒,这些颗粒在表面物理化学作用下形成三维絮凝网状结构,具有一定的抗剪强度,而使膏体兼有固体和液体的特征,呈"软固体"状态[81]。大量的理论和实验研究表明,可以用宾汉模型或者 H-B 模型来表征全尾砂膏体的流变特性。Wu 等[82]采用宾汉塑性模型,研究了含机械活化磁铁矿尾矿砂浆的流变特性,并对其砂浆的力学性能进行了研究,发现随着铁尾矿含量的增加,砂浆的力学性能在逐渐降低。卞继伟等[83]基于宾汉流变模型和非牛顿流体力学理论,借助 L 管试验研究了料浆质量分数、砂灰质量比对似膏体流变参数的影响,构建出全尾砂似膏体管道输送水力坡度的计算模型。Gao 等[84]对水槽试验中屈服应力和黏度变化的敏感性进行了模拟研究,结果表明,最终剖面对屈服应力变化非常敏感,而对黏度变化相对不敏感。

Adiguzel 等[85]对膏体输送过程中的物料流变特性进行了研究,发现当尾砂浆密度增加时,会失去流动特性,最佳泵送料浆浓度必须符合材料中小于

38 μm 尾矿的含量必须为 20%。刘晓辉等[86]基于宾汉模型获得屈服应力及塑性黏度,构建了流变参数关于固体填充率的计算模型,发现膏体屈服应力及塑性黏度随体积分数增大呈指数增大,随物料不均匀系数增大而减小,随细颗粒含量增大呈先减小再增大的变化趋势,如图 1-23 所示。Ihle 等[87]根据新定义的无量纲参数,导出了宾汉塑性体单位宽度体积流量与流动深度的精确解析表达式,提出了适用于堵塞和准牛顿流体极限的简化近似。吴爱祥等[88]结合浆体絮网结构理论和剪切稀化理论,研究了时间因素对膏体流变特性的影响。

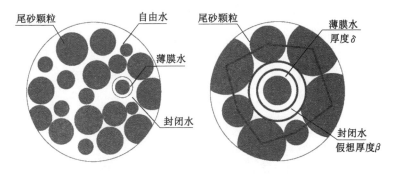

图 1-23　膏体絮网结构及其物质组成

1.7.2　流变参数检测方法

膏体的流变特性是影响其流动特性和管道阻力计算的重要因素。在管道输送过程中,水泥浆体的流变特性受时间和温度的影响,并处于动态演化过程中。水泥膏体充填技术可以有效地解决矿山环境和安全问题,实现绿色开采和深部安全开采[89]。膏体属于宾汉流体或 H-B 流体,存在一定的剪切稀化现象,这是由于膏体内部含有 15% 以上的超细颗粒,会在颗粒群之间产生自絮凝作用,导致浆体黏度增大。Jiang 等[90]研究了不同静置时间和剪切时间下的流变特性和流动性,随着时间的推移,流变稳定性逐渐恶化,尤其是在静息状态下。尾矿特殊的流变行为可能与稳定的镶嵌结构有关,这与颗粒的大小和形状有关。

浆体的流变参数是管道阻力计算的基础,如果参数选取不准确,则会造成输送系统的设计出现巨大的误差。目前比较流行的方法有桨式转子法、同轴圆柱法、管式流变检测法、塌落度法等多种方法。其中前两种方法侧重于测量浆体的屈服应力。吴爱祥等[91]通过引入塌落度屈服应力理论,解决了桨式流变仪对屈服应力检测结果差距较大的问题,塌落度法所得结果为浆体的动态屈服应力,能够准确反映物料性质。Liu 等[92]认为含冰水泥浆充填体的流变特性对管道运输有很大的影响,通过建立考虑坍落度升模和冰粒相变的计算模型,对圆柱形坍落度进行了模拟,发现屈服应力、塑性黏度和触变性随冰水比和浓度的增加而增大,而柱状坍落度在相同变化下减小。

研究纳米二氧化硅作为添加剂的水泥石充填体的流变性能,可以发现不同固化温度下的流变行为,即在较高温度下二氧化硅和充填体发生耦合作用,流变性能增强[93]。测定某白云质灰岩铀矿尾矿充填体随时间变化的流变特性和岩土工程性质表明,该尾矿具有形成膏体的潜力,充填体具有足够的强度来支撑矿柱、顶板和井壁[94]。膏体充填材料通过管网输送到地下采场时,其流变特性随运输时间的变化而变化。以某碳酸盐矿物加工废渣为原料,研究了不同用量聚羧酸盐对膏体流变性能的影响。试验结果表明,聚羧酸盐含量对充填体的流变特性有显著影响,可以适当用来改善富碳酸盐工艺尾矿的流动特性[95],如图 1-24 所示。

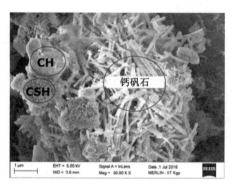

图 1-24　充填材料发生水化反应

杨志强等[96]研究了混合充填料的胶砂强度试验和料浆流变特性参数测试,通过获得充填体试块强度与混合料的配合比、平均粒径以及不均匀性系数之间的关系,确定全尾砂-棒磨砂的最佳配合比。地下矿山膏体充填时,用粉煤灰替代普通硅酸盐水泥后,膏体充填体强度发展速度减慢。流变性的改变,有助于井下管道输送[97]。坍落度法分为直桶法和锥桶法两种,直桶法可以适用于任何尺寸的圆柱,而锥桶法对锥桶上下开口直径有较高的要求。Xue 等[98]研究了时间和温度对超细尾砂胶结充填体的流变性质的影响,发现胶结充填体是一种屈服塑性流体,在高温下具有明显的时间依赖性,温度升高导致屈服应力、表观黏度和触变性显著降低。焦华喆等[99]对赞比亚谦比希铜矿充填系统膏体流变参数和强度进行检测试验,改进后的膏体配合比可以降低28.52%的水泥用量。

1.7.3　深锥搅拌扭矩研究

在深锥浓密工艺中,与膏体流变性质直接相关的重要参数便是浓密机搅拌扭矩。许多报道都认为耙架在脱水性能方面有着较大的促进作用[100-101],但是其机理研究得还不透彻。王卫等[102]通过对深锥浓密机的刮泥耙架进行受力分析,提出了深锥浓密机刮泥功率的计算公式,并以此公式对深锥浓密机扩能改造后的原有动力系统进行了功率校核,可供类似工程浓密机刮泥功率校核时参考。剪切作用对于浓密脱水有促进作用,水力旋流浓缩机是提高选矿厂脱水效率的有效途径,如图 1-25 所示,发现较长的停留时间和较深的床层可以提高浓缩机的性能[103]。

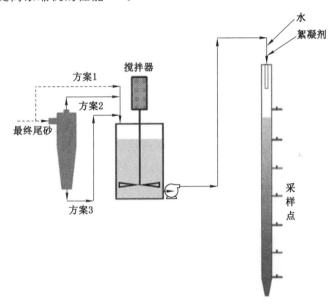

图 1-25　先导浓密机回路示意图

Jiao 等[104]通过耙架剪切速率对尾砂浓密效果的影响研究,发现剪切作用可以很好地提升尾砂絮团浓度,并且提升水分的回收效率,如图 1-26 所示。王学涛等[105]从多相流模型、湍流模型、模拟尺度方面详述了数值试验方法在浓密机内部流场特性研究中的应用现状,指出絮凝反应的数学描述、絮团形成及其结构演变过程仿真模型的建立是当下及今后研究的重点,基于流场环境下的浓密机多场耦合是其内部流场数值模拟研究的发展趋势。王新民等[106]建立了深锥浓密机底流放砂浓度的预测模型,研究了不同结构参数状态下底流浓度的变化规律,进行了深锥浓密机的外部结构参数优化选择。

图 1-26　对浓密机进行改造

李辉等[107]采用深锥相似模型和流变参数测定方法研究了深锥浓密机压耙的原因,发现压耙主要是由全尾砂絮凝沉降效果不佳所引起的,另外间歇式充填排料也会引起浓度分布差异,进而导致料浆流变参数突变。李公成等[108]基于动态沉降压密实验,研究浓密机耙架在不同搅拌速率下的浓密效果。发现随着搅拌速率的增加,底流浓度先增加后降低,底流浓度随搅拌速率的增加符合抛物线变化规律。Rudman 等[109]利用物理实验、数值模拟相结合的方法,研究了料浆屈服应力和耙架转速对耙架扭矩的影响,认为耙齿高度越大则越有利于提高耙动效率,但同时料浆带来的阻力也会增加,如图 1-27所示。

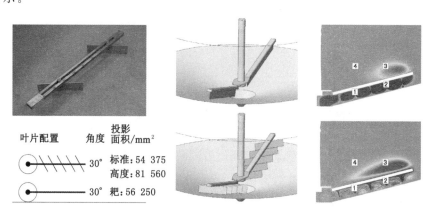

图 1-27　耙齿数量及角度对耙动效率的影响

1.8　深锥浓密设备设计原理及改进

深锥浓密机制备高浓度尾砂料浆普遍用于膏体充填,通常依据静态沉降和动态浓密理论预测深锥浓密机运行规律,进行底流浓度的调控,然而模型精度难以达到要求。基于重力沉降的浓密模型已经经过了较长时间的发展,被广泛应用于浓密机的设计中[110-111]。重力浓密模型可以分为静态模型和动态模型两大类。两类模型的实质都是通过模型来预测浓密机面积和浓密机底流浓度。谢丹丹等[112]详细阐述了传统浓密机和高效浓密机的结构特点、发展及应用现状,讨论了影响浓密机高效化浓缩的因素,并针对浓密机的高效化利用,提出絮凝剂的合理使用和自动化控制技术。

Qi 等[113]对现阶段充填系统和技术提出改进措施,如图 1-28 所示,并总结出未来人工智能的加入将会提高尾矿处理效率。肖东升等[114]利用搅动耙架和振动装置的联合作用对浓相层进行深度脱水,并对云南马豆沟钛选矿厂尾矿进行工业浓缩试验。结果是底流浓度可提高 10%,澄清效果和浓缩速度均得到改善,具有推广应用价值。商鹏等[115]设计了一种新型的曲耙结构,发现在相同的进料浓度的情况下,曲耙较直耙能够更快地达到稳定运行状态,并且能够沉降出更高浓度的底流泥浆。余冰等[116]结合刚果(金)某大型尾矿复垦项目的工程应用实例,重点分析了浓密机及液压马达(含冷却风扇)等执行机构的联锁控制逻辑。

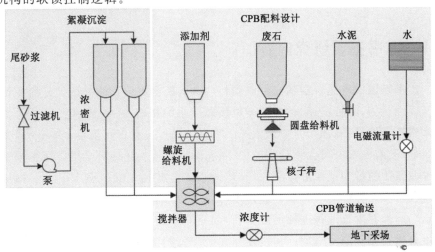

图 1-28　充填设备设计

De Serbon 等[117]对矿物泥浆絮凝和浓缩的核心原理进行阐述,然后介绍了新型 Eimco 深锥浓缩机,并对充填技术的潜在应用进行了详细介绍,如图 1-29 所示。杨柳华等[118]运用微积分原理对区域内的底流体积分数变化进行求解,最终建立浓密机底流调控数学模型,该理论模型完全与验证结果函数吻合,为循环系统的设计及运行提供理论依据。陈辉等[119]对哈尔滨某铜锌矿膏体充填系统进行了改造,很好地解决了溢流水浑浊、底流浓度偏低以及压耙等问题。目前我国在提高自重浓密效果方面缺乏系统的基础理论体系,特别是全尾砂动态自重浓密过程中的搅拌耙-絮团耦合作用机理的研究还不够深入。

图 1-29　新型深锥浓缩机

1.9　本书主要研究内容

本书以国家自然科学基金资助项目("金属矿全尾砂膏体绿色处置流变特性及固结行为,编号:51834001""全粒级尾砂浆的结构-流变-渗流特性及深度脱水机理",编号:51704094;)为依托。项目依托单位有贵州锦丰金矿、陕西太白金矿、云南驰宏公司会泽铅锌矿、新疆伽师铜矿等。计划对全尾砂深锥浓密机理及絮团的行为规律进行研究,在传统采矿工艺技术的研究中引入了扫描电镜技术和计算机图形图像处理技术,对动态压缩过程中絮团及絮团群的结构、位置、絮网生长过程进行定量分析,建立导水通道,形成演化模型,从细观角度分析全尾砂浓密机理;同时,建立深锥浓密机半工业实验平台,探明大规模脱水过程中相关操作参数对脱水浓密宏观效果的影响规律,完善浓密机直径和扭矩的计算理论。主要研究内容包括：

（1）深锥浓密全尾砂运移及浓度分布规律宏观实验研究

基于相似理论设计建造了多功能深锥浓密半工业实验平台，并利用均匀设计法开展多因素（8个因素）半工业实验，研究底流浓度的影响因素及权重，分析全尾砂内部物料运移分布特征，建立浓度分区模型。

（2）全尾砂可浓密性能表征方法理论研究

基于实验现象和固体通量获得方法，将全尾砂深锥浓密过程分为絮凝沉降和床层压缩两个子过程进行研究。在沉降理论和过滤理论的指导下，分析两子过程中固液力学行为的统一性，提出普遍适用于沉降和压缩两个过程的表征方法，对全尾砂浓密过程中的脱水速度和脱水浓度进行定量表征。

（3）深锥浓密过程中絮团群细观行为及力学特性研究

基于不同的沉降环境参数，结合高倍显微镜和扫描电镜技术，研究絮团尺寸及结构形貌的分形特征；探索压缩区内导水通道分布规律及其分形特征；描述细观尺度絮团内部水分的挤出、排出过程，建立剪切导水模型；揭示絮团结构强度与流体屈服应力之间的关系，从力学角度阐述剪切脱水机理。

（4）深锥浓密动态模型及数值计算

在静态沉降的基础上加入底流放砂通量，利用三大守恒方程对动态浓密过程进行分析，研究沉降速度、处理量影响因素及水平，建立全浓度范围浓密机运行固体通量动态模型；将可浓密性能的表征结果作为输入条件和边界条件代入该模型，利用 Matlab 数学分析软件编程进行模型迭代，获得不同床层高度下固体通量分布曲线；与传统理论和实验结果对比后，确定固体通量取值新方法。

（5）全尾砂深锥浓密机理研究工业验证

将絮团力学和固体通量研究成果应用于扭矩和直径的计算中。基于室内模拟实验结果，在流变学和散体力学的指导下，分析搅拌耙架在不同饱和状态尾砂中的受力情况，建立深锥耙架扭矩计算数学模型；基于固体通量研究结果，对会泽矿深锥浓密机直径进行验算，完善浓密机设计方法。

2 深锥浓密全尾砂运移及浓度宏观 分布实验研究

2.1 引言

本章通过全尾砂絮凝沉降及絮凝剂优选等实验,选出实验材料的最佳比例,最基本的实验材料就是全尾砂与絮凝剂。尾砂本身属于土的一种,不同种类的土,其比重、孔隙率、粒级等基本物理性质不同。同样不同物理性质的全尾砂在浓密实验过程中的浓密参数不同,因此全尾砂的物理性质的测定是后续絮凝沉降实验的基础。絮凝剂可以加速尾砂的絮凝沉降效率和效果,因此絮凝剂优选实验是开展深锥浓密研究的前提。

以往学者对絮凝沉降的研究多处于静态条件下,目前动态条件下的连续浓密实验是尾砂浓密处置的发展趋势,不仅可以模拟真实情况下的连续进料、排料、动态搅拌、连续添加絮凝剂等情况,而且更加符合尾砂浓密处置的相关理论。因此我们根据现场浓密机,自制了智能小型连续浓密实验平台,该平台可以模拟现场的浓密处置情况。

2.2 尾砂基础物理性质与絮凝剂优选实验

2.2.1 基础物理性质测试

实验所用的尾砂来自于新疆的伽师铜矿,该矿的尾砂含泥量高,具有沉降性能差、输送阻力大以及吸附水泥后凝结性能差等特点,严重影响尾矿处置与利用。不论是从矿物组成,还是从尾矿的粒级上说,高含泥尾矿在我国金属矿山中所占比例较大,然而高含泥尾矿的处置技术还处于盲区,对高含泥尾矿的认识还不够完善,诸多问题有待解决,因此开展高含泥尾矿处置技术研究迫在眉睫。

（1）全尾砂密度测试

采用四分法取 100 g 尾砂样品,放至烤箱进行烘干,样品冷却后取出并压碎。在比重瓶中装入 15 g 烘干的尾砂,并往瓶中注入适量清水,充分摇晃后放置砂浴上煮沸,保证砂液不溢出瓶口,烘干后的样品质量记为 M_s。

将纯水注入比重瓶至略低于瓶的刻度处,待瓶内悬液温度稳定及瓶上部悬液澄清;塞好瓶塞使多余水分自瓶塞毛细管中溢出,将瓶外水分擦干后,称取瓶、水、砂的质量,记为 M_2,称量后立即测出瓶内水的温度 T,查得纯水的密度 G_{wt};根据测得的温度从已绘制的温度与瓶-水总量关系中查得瓶、水总质量 M_1;尾砂比重测试过程示意图如图 2-1 所示,测试结果见表 2-1。记录数据并按照式(2-1)计算。

图 2-1　尾砂比重测试过程示意图

表 2-1　全尾砂比重测试结果

编号	M_1/g	M_2/g	M_s/g	比重
1	129.5	145.51	24.47	2.892
2	131.12	147.94	25.56	2.924
3	133.2	151.67	27.34	3.082
平均值	131.3	148.4	25.8	2.966

测试尾砂密度需要的主要仪器有比重瓶、LP-500 型电子天平(感量 0.001 g)、恒温水槽、砂浴、真空抽气设备、温度计、烧杯、吸管等。

$$\frac{G_s}{G_{wt}} = \frac{M_s}{M_1 + M_s - M_2} \qquad (2\text{-}1)$$

式中　G_s——尾矿颗粒密度,g/cm³,精确到 0.001;

　　　G_{wt}——温度为 T 时纯水的密度,g/cm³;

　　　M_1——比重瓶、水总质量,g;

　　　M_s——试样烘干质量,g;

　　　M_2——比重瓶、水、砂总质量,g。

（2）全尾砂堆积密度测试

采用四分法称取 4 kg 的尾砂样品,在烘干机中烘干至恒重,取出冷却后压碎,分成两份备用。实验所需仪器主要有台秤、烘箱、多用途真空过滤机。堆积密度分松散堆积密度和密实堆积密度,操作步骤分别如下。

① 松散堆积密度:将试样装入漏斗中,打开底部阀门,使尾砂流入量筒,亦可使用小勺向量筒中装入尾砂;漏斗出料口应距量筒口 5 cm 左右,尾砂超出量筒口后用直尺刮平,称取量筒与尾砂的质量并记为 m_1。

② 密实堆积密度:将尾砂分层装入量筒,每层装入 3 cm,每次装入后振动 50 次量筒,然后装入下一层并继续振动密实。试样超出量筒口时用直尺沿筒口刮平,称取此时的质量 m_2。

每次测试记录数据并按照式(2-2)计算,再取其算数平均值,全尾砂密度测试结果见表 2-2。

$$\rho_d = \frac{m_1 - m}{V} \text{ 或 } \rho_d = \frac{m_2 - m}{V} \tag{2-2}$$

式中　ρ_d——堆积密度,t/m³;

　　　m——量筒质量,g;

　　　m_1、m_2——量筒和试样总质量,g;

　　　V——量筒体积,cm³。

表 2-2　全尾砂密度测试结果

编号	量筒质量 m/g	松散堆积质量 m_1/g	密实堆积质量 m_2/g	量筒体积 V/cm³	松散堆积密度 /(t/m³)	密实堆积密度 /(t/m³)
1	73.849	159.541	169.629	59.97	1.429	1.597
2	73.849	160.734	170.53	59.94	1.450	1.613
3	73.849	159.938	172.12	59.94	1.436	1.639
平均值	73.849	160.071	170.7597	59.95	1.438	1.617

（3）全尾砂孔隙率计算

根据尾砂的比重和堆积密度可以推算出尾矿的孔隙率，按下式计算：

$$n = (1 - \rho_d / G_s) \times 100\% \tag{2-3}$$

式中　G_s——土的颗粒密度，t/m^3，精确到 0.001；

　　　ρ_d——堆积密度，t/m^3；

　　　n——孔隙率，%。

最终的实验结果见表 2-3，新疆全尾砂的比重约是 2.966，松散堆积密度量为 1.438 t/m^3，密实堆积密度为 1.617 t/m^3。

表 2-3　全尾砂基本物理特性表

比重	松散堆积密度/(t/m³)	密实堆积密度/(t/m³)	松散孔隙率/%	密实孔隙率/%
2.966	1.438	1.617	55.30	45.48

（4）尾砂粒级组成测试

由土样组成的颗粒粒径分布称为级配，一般通过筛分实验确定。尾砂土样的粒径组成不仅影响尾砂的浓密脱水效果，而且影响充填体的强度。粒径分布会影响料浆的密实程度、渗透性能，孔隙率过大会造成充填强度不达标，发生泌水现象，尾砂粒级组成还会影响充填料浆的需水量。实验过程中，对于400 目尾砂颗粒采用水洗法进行处理，过滤脱水过程如图 2-2 所示。实验所需设备主要有实验标准筛、天平、烘干箱、盆子、滤纸、样品袋等。

图 2-2　真空过滤机进行脱水

首先称取 500 g 干燥的尾砂土样，准备 5 个装至一半清水的盆子；将 400目（0.037 mm）筛放入一号水盆中浸泡，用小勺向筛中加入尾砂样品；振动筛子让水流冲洗尾砂，振动过程中盆子中水面必须低于筛子上部边缘，防止砂样溢出。当一号盆子中的水含砂样浓度较高时，换至二号盆中继续冲洗，依次直至盆中水清澈为止。

将水盆中通过筛子的砂液置于离心脱水机中脱水，贴好标签放入搪瓷盘；将200目筛上砂样继续重复前面操作步骤依次放入200目、160目、120目、80目、40目筛进行筛分冲洗；在真空过滤机上脱水后将砂样放入105 ℃烘箱中烘干至恒重，称取各号筛下尾砂量，准确至0.1 g。

由图2-3可知，新疆全尾砂的中位粒度D_{50}为17.20 μm、D_{10}为1.56 μm、D_{90}为94.34 μm；200目颗粒(74 μm)含量达到87.4%，400目(37 μm)颗粒含量为68.36%。由土工试验可知，该尾砂的粒径分配较好，但是由于属于超细全尾砂，在絮凝反应过程不易沉降，借助不均匀系数C_U和曲率系数C_C进一步判断粒径分布情况。

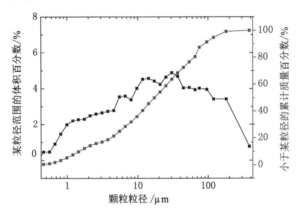

图 2-3　全尾砂粒度分布曲线

$$C_U = \frac{d_{60}}{d_{10}} \tag{2-4}$$

$$C_C = \frac{d_{30}^2}{d_{10} \times d_{60}} \tag{2-5}$$

式中　d_{10}——筛下累计尾砂百分比为10%时的筛孔直径，μm；

　　　d_{30}——筛下累计尾砂百分比为30%时的筛孔直径，μm；

　　　d_{60}——筛下累计尾砂百分比为60%时的筛孔直径，μm。

从尾砂粒级组成曲线上可以得出：d_{10}为3.9 μm，d_{30}为21.3 μm，d_{60}为71.6 μm。代入公式计算可得，$C_U=18.36$，$C_C=1.62$。

根据土力学的相关规定，当$C_U \geqslant 5$且$C_C=1 \sim 3$时，表明此类土粒径分布较广,粒径级配良好。但是该尾砂中超细颗粒含量较高,絮凝形成的絮网结构会造成脱水困难,因此研究此类高含泥量尾砂的浓密脱水性能,对提高底流浓度十分重要。

2.2.2 絮凝剂优选实验

(1)尾砂絮凝机理

尾砂颗粒带有不同电性的电荷,在絮凝沉降过程中借助电化学手段将单个颗粒絮凝在一起,借助较高的黏聚力和自身重力快速实现浓密沉降。絮凝剂是根据颗粒间不同电性,将众多细小颗粒聚集成絮团的化学药剂。超细尾砂的浓密过程越来越困难,通过与电化学等学科的交流,将污水处理方面的研究方法借鉴至尾矿处理领域,从目前的情况来看已经取得极好的处理效果[120]。

絮凝剂可以加快尾砂的沉降速度,改善尾砂的絮凝效果,还可以提升上层溢流水的澄清度,可以保证在用水源头上进行水的回收,节省大量的工业用水和费用开支。絮凝剂吸附微细颗粒的方式主要有两种,即静电中和与界面吸附架桥[121-122]。目前运用较多的是有机高分子絮凝剂,它不仅具有较强的官能团——酰胺基团,还可以与不同颗粒发生吸附作用,通过产生桥连作用聚集形成大絮团,絮凝机理如图 2-4 所示。

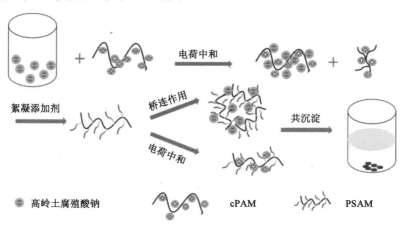

图 2-4　絮凝剂工作机理示意图[121]

颗粒之间通过分子链实现桥连作用,当溶液中高分子含量过高时,颗粒则完全被絮凝剂基团包裹,颗粒与颗粒无法实现连接,不能实现桥连作用。因此絮凝剂的使用存在最佳值,即絮凝剂单耗需要控制。

（2）絮凝剂优选

表面电荷对絮团的影响可以由吸附和桥连机理解释。尾砂颗粒在絮凝剂的作用下发生絮凝作用，不断与周围的絮体结合，产生尺寸更大的絮凝体，同时细小颗粒也会落入絮团之中，最终形成密度较大的絮凝团。

由于聚丙烯酰胺为含有长碳链的高分子聚合物，桥连作用和吸附作用较好，因此选择此类絮凝剂进行优选实验。由于聚丙烯酰胺含有多种离子，为了观察不同离子类型和离子含量对絮凝沉降的影响，在尾砂料浆浓度为 10% 的条件下，选用分子量分别为 1 200 万、1 500 万、1 800 万、2 000 万的絮凝剂进行沉降试验，絮凝剂样品如图 2-5 所示。

图 2-5　不同分子种类和含量的絮凝剂样品

首先称取 25 g 尾砂，加入到 250 mL 量筒中，然后加入 225 g 的水，配置成浓度为 10% 的全尾砂浆。然后称取几份 100 g 的水，分别称取 0.05 g、0.1 g、0.2 g、0.3 g 的四种絮凝剂，配置成浓度为 0.05%、0.1%、0.2%、0.3% 的絮凝剂溶液，设定絮凝剂单耗为 20 g/t。

尾砂絮凝沉降过程如图 2-6 所示，发现添加不同絮凝剂溶液的尾砂，沉降面随时间增加而不断变大，尾砂浆清晰程度也有较大的差异。根据不同絮凝剂对尾砂浆的絮凝效果不同绘制沉降曲线，如图 2-7 所示。絮凝剂可以显著提升尾砂的沉降速度，当絮凝剂添加量一定时，阴离子型絮凝剂的絮凝效果优于阳离子型的。随着絮凝剂分子量增加，尾砂絮凝沉降速度加快，但是当分子量达到 2 000 万时，虽然沉降速度较快，但是上清液较为浑浊，沉降效果不好。

因此经过综合考虑沉降速度和沉降效果后，选择分子量为 1 800 万的阴离子型絮凝剂；经过比较絮凝剂溶液浓度对沉降效果的影响，如图 2-8 所示，最终确定配置絮凝剂溶液的浓度为 0.2%，絮凝剂基本特性指标见表 2-4。

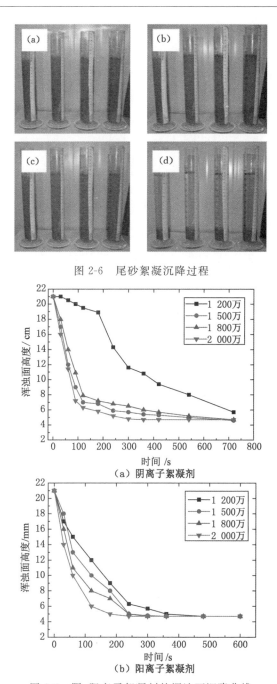

图 2-6 尾砂絮凝沉降过程

（a）阴离子絮凝剂

（b）阳离子絮凝剂

图 2-7 阴、阳离子絮凝剂的浑浊面沉降曲线

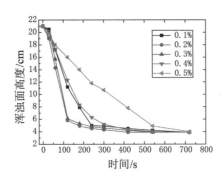

图 2-8　不同絮凝剂溶液浓度浑浊面沉降曲线

表 2-4　1 800 万分子量阴离子型絮凝剂的基本特性

性能	单位分子量/万	固相质量百分数/%	黏度/Pa·s	溶解速度/h
指标	1 800	88~92	3~4	≤1

（3）絮凝剂单耗

絮凝剂的添加有助于加快尾砂絮凝聚集，加速絮团沉降，但是加入过量的絮凝剂会形成胶结物质，不利于尾砂絮团聚集，并且絮凝剂利用率不高，造成资源浪费；同时絮团中包裹的水分却很难排出，不利于后期的浓密排水。

为了确定该絮凝剂的最佳用量，针对 1 800 万分子量的阴离子型絮凝剂，配制料浆浓度为 10% 的尾砂浆，观察不同用量下的絮凝剂对尾砂絮凝沉降的影响，沉降曲线如图 2-9 所示。

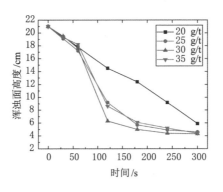

图 2-9　不同絮凝剂单耗下浑浊面沉降曲线

由图 2-9 可知,随着絮凝剂用量增加,尾砂浆的沉降速度呈现增大趋势,但是当絮凝剂用量超过 30 g/t 时,尾砂沉降速度反而会减小,过多的絮凝剂阻断了尾砂絮团之间的连接和聚集,因此选择最佳的絮凝剂单耗为 30 g/t。

2.3 实验平台与絮凝沉降参数确定

2.3.1 智能小型连续浓密实验平台

量筒静态沉降是目前采用最为广泛的絮凝沉降实验,因其操作简单等特点在研究尾砂沉降速度和极限沉降浓度等方面被广泛应用;可以考察给料浓度等参数,但是无法确定给料流量、耙架剪切、底流循环等参数,因此在现实模拟中有很大的局限性。

"工欲善其事,必先利其器",工匠只有锋利的工具才能做出好的产品;对于科学研究亦是如此,实验装置是进行研究的基础,设计出能够模拟现场浓密机运行的实验系统是十分重要的[123]。本课题组自行研制了智能小型连续浓密实验平台,其结构如图 2-10 所示。该平台以影响尾砂浓密的因素为分析目标,围绕尾砂絮凝沉降与浓密压缩进行研究。

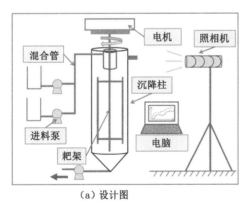
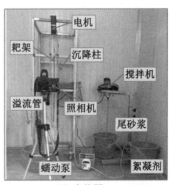

（a）设计图 （b）实物图

图 2-10 小型浓密实验平台

该实验平台具有连续进料、连续排料、转速可控、扭矩检测等功能,可以模拟浓密机运行的真实情况,使研究结果更加合理。同时可以对沉降絮团进行高速摄像,能够获取连续浓密过程中的沉降速度、沉降浓度、搅拌扭矩等关键参数及其随时间的衍化规律。该实验平台的基本参数见表 2-5。

表 2-5 连续浓密实验平台基本参数

组成设备	尺寸、参数、型号	设备来源
沉降柱	宽 5 cm、高 100 cm	有机玻璃管搭接
给料管	直径 4 mm、6 mm、8 mm	工程水平管作为给料管
排料管	直径 4 mm、6 mm	漏斗加软管作为排料管
絮凝剂给料泵	BS100-1A	保定思诺流体科技有限公司
尾砂浆给料泵	YZ-15	保定雷弗流体科技有限公司
尾砂浆搅拌器	高、宽、搅拌速度	昱迈斯工具
高速相机	尼康 D7200	尼康株式会社
耙架	高 80 cm、宽 45 cm	实验室自己焊接
电机	剪切速率 0~20 r/min	北京时代超群电器科技有限公司

2.3.2 絮凝沉降实验方案

通过自制的小型浓密实验平台进行了剪切条件下的絮凝沉降实验,探究尾砂浓密脱水的机制,展开浓密床层絮团结构衍化规律研究。絮凝剂优选实验已经确定了絮凝剂单耗、种类、浓度,但是仍有部分参数需要进一步的计算,如固体通量,一般情况下,重力浓密机固体通量为 0.1~0.3 t/(m^2 · h)。搅拌条件设置为搅拌和不搅拌;搅拌的速度设为 1 r/min、2 r/min;给料浓度根据经验选取 5%、10%、15%;床层高度选取为 10 cm、20 cm、30 cm。

实验方案计划采取多因素影响进行研究,选择因素有搅拌速度、给料浓度、固体通量、床层高度;对每个影响因素设置 3 个水平参考。采取 4 因素 3 水平的正交实验,实验方案见表 2-6;最后通过理论分析和取样检测,选择出对底流浓度影响最大的两组实验进行分析。

表 2-6 L9(34)正交实验方案表

因素	固体通量 /[(t/(m^2 · h)]	搅拌速度 /(r/min)	给料浓度 /%	床层高度 /cm
实验 1	0.1	0	5	10
实验 2	0.1	1	10	20
实验 3	0.1	2	15	30
实验 4	0.2	0	10	30
实验 5	0.2	1	15	10

表 2-6(续)

因素	固体通量 /[(t/(m²·h)]	搅拌速度 /(r/min)	给料浓度 /%	床层高度 /cm
实验 6	0.2	2	5	20
实验 7	0.3	0	15	20
实验 8	0.3	1	5	30
实验 9	0.3	2	10	10

2.4　设备布置及浓密测试实验

2.4.1　设备布置及实验过程

（1）设备布置

首先对实验设备进行组装,对顶部电机进行固定,将焊接好的耙架安装至电机底部,同时保证耙架在沉降柱中不发生偏斜,不剐蹭沉降柱的内壁。然后在备料桶中配置目标浓度的全尾砂浆、絮凝剂溶液,为了保证尾砂浆不发生沉降,采用小型搅拌机对其连续搅拌(搅拌转速＞1 000 r/min);向沉降柱中泵入清水,根据实际工艺条件进行开机试运行,调整泵送速度,在实际情况下达到目标流量。最后根据目标条件进行实验,获取规定时间内的尾砂絮团沉降轨迹和形变规律,对底部物料浓度进行检测,并对底部堆积絮团进行获取和CT 扫描。实验装置的整体布置如图 2-11 所示。

图 2-11　实验装置整体布置

（2）浓密实验过程

称取适量干燥的全尾砂,然后跟一定比例的清水进行混合,分别配制浓度为 5％、10％、15％的全尾砂浆,为了避免尾砂浆在实验过程中发生沉降,借助搅拌机不停地搅拌。然后称取 20 g 的 1 800 万分子量阴离子絮凝剂,配置浓度为 0.2％的絮凝剂溶液,样品配制过程如图 2-12 所示;絮凝剂颗粒需要与水充分融合,否则会影响后续的絮凝实验。

图 2-12　样品配制过程

在实验正式开始前进行设备检查和调试,保证实验可以正常进行。首先向沉降柱中注入清水,待水面即将达到溢流口处停止注水;开启小型搅拌机并将其设置成自动连续搅拌,保证前期配制的尾砂浆不发生沉降,对配制的絮凝剂溶液进行充分搅拌。然后开启蠕动泵并设置泵送速度和方向,根据实验条件设置耙架的搅拌速度。最后开启泵送开关开始浓密实验,待每一次实验结束后,打开底部阀门进行手动排料,测定底部絮团的浓度,并借助取样管取样,将取出的样品进行 CT 扫描。全尾砂絮凝沉降实验过程如图 2-13 所示。

通过添加 0 r/min、1 r/min、2 r/min 的剪切条件研究尾砂絮团在絮凝沉降过程中的沉降规律,同时研究底部絮团浓密压缩过程中的演变规律。剪切作用下的絮团尺寸较小,但是结构较为密实,这是因为在耙架的剪切作用下,絮团结构经历了"絮凝→破坏→絮凝"的过程。

耙架将松散的絮团结构打碎,较小的絮团结构在沉降柱中的沉降轨迹发生了变化,其所需的沉降时间增加,在此过程中,絮团借助絮凝作用可以充分地产生桥连作用,周围细小颗粒不断吸附在絮团上,絮团结构变得更加密实,骨架颗粒间的连接性更好。细小颗粒落入底部床层,絮团结构得到进一步密实,剪切作用改善了絮团的浓密效果。添加剪切条件的絮凝沉降过程如图 2-14 所示。

图 2-13 全尾砂絮凝沉降实验过程

图 2-14 添加剪切条件的絮凝沉降过程

无剪切作用的絮团结构尺寸较大,絮团沉降速度较快,絮团结构显得较为松散。通过对床层底部的絮团结构进行观察,发现絮团堆积床层孔隙结构较多,且孔隙尺寸较大。不经过添加剪切作用的絮团结构在絮凝沉降过程中只受重力的影响。沉降速度过快导致尾砂絮团与絮凝剂溶液的混合时间较短,且絮团与絮团间的接触概率较小,因此导致底部床层的孔隙结构较多,尾砂的浓密处置效果较差。无剪切作用时的絮凝沉降过程如图 2-15 所示。

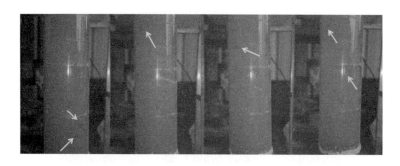

图 2-15 无剪切作用时的絮凝沉降过程

絮凝沉降实验装置静置后,通过观察底部床层的絮团结构,发现 0 r/min 条件下的絮团结构较为松散,孔隙数量较多且孔隙尺寸较大,如图 2-16(a)所示。1 r/min 和 2 r/min 条件下的絮团结构较为密实,孔隙尺寸较小,如图 2-16(b)所示。这说明剪切作用对床层底部絮团结构有不可忽视的影响,从另外一个方面看,剪切作用可以改善床层底部的絮团浓度,提高底部絮团的密实度,减少絮团结构的孔隙分布。为了更好地观察絮团的细微孔隙结构,后续将借助 SEM 和 CT 扫描进行研究。

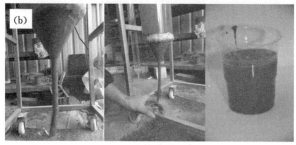

图 2-16 底部絮团取样过程

观察底部床层的絮团结构后,缓缓地打开底部的阀门,通过柱状取样管对底部压缩絮团进行取样,将取出的样品送至 CT 扫描实验室进行扫描,得出的CT 图像将为后续絮团微细观孔隙结构的研究提供基础。最后借助取样杯对底部样品进行取样,将每一次的样品送至实验室进行浓度检测,得出的数据将与 CT 扫描的数据进行对比,以此检测该实验的正确性。

2.4.2 浓度检测

（1）流变仪

目前流变仪的类型较多,包括同轴圆柱型、锥板型、平板型、毛细管黏度仪、桨式流变仪等多种。由于能够降低壁面滑移效应的影响,桨式流变仪的应用越来越广泛,本次实验采用的设备为 Brookfield R/S＋型流变仪。

此设备的测试原理是和扭矩测量头相连的四叶桨式转子浸入所要测试的料浆,以可变化的剪切速率旋转,通过在附件 RHEO3000 软件界面设置流变参数进行实时监测,输出剪切应力-剪切速率曲线,并可做进一步的数据处理。转子直径 20 mm,转子高度 40 mm,如图 2-17 所示。与传统黏度计相比,十字形转子对样品结构的破坏最小,并最大限度地克服了圆柱面的滑移效应,从而大大提高了测量的精确性。

图 2-17　Brookfield R/S＋型流变仪

（2）实验结果与分析

对床层底部的压缩絮团进行浓度检测,将检测结果进行统计,见表 2-7。由于添加剪切作用对絮团浓密性能的影响最大,因此根据耙架搅拌速度选取两组实验结果进行分析。决定采用实验 3 和实验 8 两组的实验数据进行后续的微细观孔隙结构分析。

表 2-7　连续浓密正交实验结果

水平	因素 1	因素 2	因素 3	因素 4	结果			
项目单位	固体通量	搅拌速度 /(r/min)	给料浓度 /%	床层高度 /cm	底流浓度 /%	扭矩 /mN·m	排料流量 /(mL/h)	停留时间 /min
实验 1	0.1	0	15	20	54.5	0	182	69
实验 2	0.2	0	5	10	55.3	2 200	165	78
实验 3	0.3	0	10	30	55.8	5 800	147	87
实验 4	0.1	1	10	10	62.1	0	281	56
实验 5	0.2	1	15	30	60.3	3 300	303	39
实验 6	0.3	1	5	20	61.7	4 200	318	48
实验 7	0.1	2	5	30	60.9	0	454	23
实验 8	0.2	2	10	20	58.5	4 500	425	34
实验 9	0.3	2	15	10	56.8	3 700	401	15

对实验 3 和实验 8 两组实验数据进行统计,绘制压缩床层不同高度处的絮团浓度,如图 2-18 所示。两组实验的底流浓度均在床层底部达到最高,分别为 52.4%vv(68.6%wt)和 49.9%vv(62.3%wt)。凝胶浓度约为 37%vv,对应床层高度约为 12 cm。这些实验数据证明了剪切作用可以提高底部絮团的浓密效果。

床层孔隙率随着床层高度的增加而增加,无剪切作用时的孔隙率大于有剪切作用时的孔隙率。有/无剪切作用时的床层孔隙率在最底部最小,分别为 47.6%和 50.1%。床层平均孔隙率分别为 54.22%和 57.77%。本书选取底部大于凝胶浓度的床层进行取样扫描。

研究发现剪切作用对床层顶部的影响最小,这是由于剪切力将絮团内部的水分运移至泥层顶部,因此上部的浓度较低,而无剪切作用时的絮团依靠自身重力实现浓密,随着床层厚度的不断增加,顶层水分在絮团重力的挤压之下浓度也较低。

两种条件下床层中间的浓度差异较大,这是因为剪切作用将松散的絮团打碎,又在剪切力的推动下实现重新排列组合,水分得到排出,新形成的絮团结构紧密,内部包裹的水分减少。还可以发现无剪切作用时的床层浓度随着高度的上升减少的速率较快,而添加剪切作用时的浓度曲线减少得很缓慢。

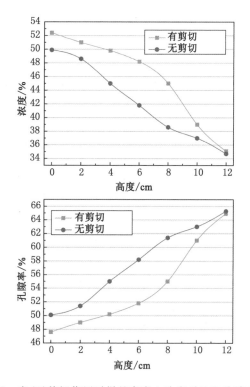

图 2-18　有/无剪切作用时样品高度上浓度对比和孔隙率对比

2.4.3　取样检测絮团形貌

（1）SEM 扫描设备与扫描结果

SEM 可以从微细观反映真实的尾砂絮团结构，是检查制备尾砂样品浓密性能的重要手段。在沉降实验结束后，借助大直径移液管将物料转移至托盘中；往托盘中倒入一定量的液态硅酸钠，利用其流动性，将样品包裹并渗透，利用其空气硬化性，将絮团固定，从而为后续的样品加工工作创造条件。SEM扫描设备如图 2-19 所示。

图 2-19　SEM 扫描设备

首先对样品进行喷金处理,保证扫描面上的喷涂均匀,然后将样品放置在电镜室进行扫描,设置放大倍数为 5 000 倍,经过 SEM 扫描后得到絮团结构的微细观图像,扫描结果如图 2-20 和图 2-21 所示。

图 2-20　无剪切作用时的压缩絮团

（2）絮团群结构分析

为了更加清晰地捕捉到絮团形貌,对 SEM 扫描结果进行后续处理,对絮团形貌进行提取,并排除多余的显示信息。借助图形处理软件通过去噪、过滤和二值化等步骤进行处理。图 2-22、图 2-23 所示分别为搅拌时间为 0 min、4 min、10 min 及 30 min 时絮团结构的 SEM 及其二值化图像。

颗粒与絮团在纵深方向呈较为清晰的层次分布,具有明显的网状结构。絮网结构由许多大小不等的絮团和部分颗粒相互搭接而成,而絮团本身主要由薄片状的尾矿颗粒堆砌形成,总体上看颗粒堆砌得较为致密,但局部仍存在或大或小的空隙。同时,絮团和网状结构在形态上存在一定的相似性,具有明显的分形特征。

当搅拌时间 $t=0$ 时,膏体絮网结构完全未受扰动,结构充分发育且较为密实,孔隙率较低,此时结构强度较大,使浆体产生剪切流动所需的能量较大,即其流动性较差;随着搅拌时间的增加,如 $t=30$ min,絮网结构的孔隙率变大,这表示结构强度降低,浆体流动性得到改善。

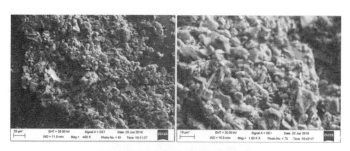

图 2-21　有剪切作用时的压缩絮团

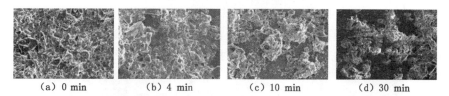

（a）0 min　　　（b）4 min　　　（c）10 min　　　（d）30 min

图 2-22　不同搅拌时间膏体的 SEM 图像

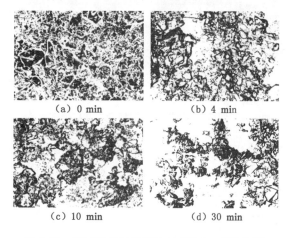

（a）0 min　　　　　　（b）4 min

（c）10 min　　　　　　（d）30 min

图 2-23　不同搅拌时间膏体的 SEM 二值化图像

3 絮团细观孔隙结构扫描与分析

3.1 样品制备与CT扫描

3.1.1 样品制备

固液混合体的样品制备是微观结构扫描实验的关键,只有在取样过程中保持稳定才能制备出能够表达出底部床层原始状态的样品,才能在后续 CT 扫描过程中获得真实的微细观孔隙结构,从而为分析絮团孔隙结构提供基础。

利用实验平台进行多组连续浓密实验;当实验达到目标底流浓度、床层高度、停留时间等要求时,借助取样管对床层底部的压缩絮团区域进行取样。将取样管与底部的软管进行对接,然后缓慢地打开阀门,待取样管填充满则关闭阀门,将样品放至 CT 扫描设备中进行扫描,处理过程如图 3-1 所示。

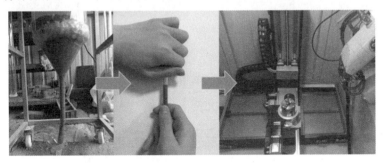

图 3-1   压缩床层取样与 CT 扫描

最后将制备好的样品放入液氮罐,封闭后将样品速冻;将速冻好的样品放入真空冻干机。真空冻干机中压力为温度为−40 ℃,冻干时间为 48 h。样品中的水分可以在冻干条件下直接从固态升华,样品中只保留尾砂固体颗粒和孔隙结构。将制备好的干燥样品放至 CT 扫描设备中,在运输过程中要保证样品的完整性,样品不应受到磕碰和扰动,以免破坏颗粒结构。

3.1.2 CT 扫描

（1）CT 扫描原理

CT 扫描是利用精确准直的 X 线束、γ 射线等,与高灵敏度的探测器一起围绕被测物体做连续的断面扫描,其具有扫描速度快、精度高、图像清晰等特点。CT 技术是射线技术和计算机技术相结合的产物,广泛应用于医疗检测、材料科学、电子器件等行业,但目前在岩土工程领域应用较少,CT 技术在岩石裂隙、混凝土损伤检测等方面具有很大的应用潜质[124]。

圆锥状射线束通过准直装置发散为线状束或面状束,射线穿透扫描样品的某一层面即可得到该面上的扫描图像,可以根据扫描原理识别该图像上的信息。层面信息以高分辨率的数字图像显示,不仅能以无损伤的方式确定材料内部信息的具体位置和大小,而且还能对其进行定量分析。CT 扫描原理如图 3-2 所示。

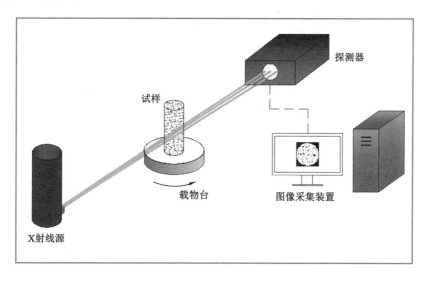

图 3-2　CT 扫描原理示意图

能量以波的形式进行传输,不同波长的 X 射线穿透能力不同,不同材质物质对 X 射线的吸收能力也不同;材料密度越高,对 X 射线吸收的能力越强。当 X 射线穿透物体时,会引起能量衰减,其衰减规律服从 Beer 定律(朗伯-比尔定律的简称),公式如下:

$$I = I_0 e^{-\mu \cdot \Delta x} \tag{3-1}$$

式中　I_0、I——X 射线初始及穿过物质后的强度,mR/h;

μ——材料的衰减系数；

Δx——X 射线穿过物体的路径长度，即物体厚度。

上述公式表示 X 射线在一类材料中的衰减规律，如图 3-3(a)所示；实际中衰减系数是变化的，它根据能量 E 和扫描材料的性质而改变，当 X 射线穿过由多种材料组成的物体时，需要另行考虑衰减规律，如图 3-3(b)所示。假设材料的等效原子序数为 Z，密度以 ρ 表示，则衰减系数 μ 可以表示为(E, Z, ρ)。

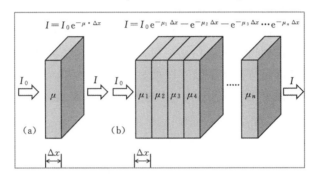

图 3-3　X 射线在物质中的衰减规律

μ 值高的物质比 μ 值低的物质使得 X 射线能量衰减得更多，空气的 μ 值几乎为零，因此穿过空气的 X 射线几乎不发生衰减现象，即$(e^0 = 1)$，因此我们可以列出以下公式：

$$\mu_m \cdot \Delta x_m = (\mu / \rho) \cdot (\Delta x \cdot \rho) \tag{3-2}$$

其中

$$\Delta x_m = \Delta x \cdot \rho \tag{3-3}$$

$$\mu_m = (\mu / \rho) \tag{3-4}$$

式中　Δx_m——X 射线穿过物质的长度，即物质的厚度；

μ_m——物质的质量衰减系数。

因此式(3-1)可以写成以下形式：

$$I = I_0 \cdot e^{-\mu_m \cdot \Delta x_m} \tag{3-5}$$

对于多种材料混合制备的化合物，采用质量衰减系数可以方便计算。多种材料组成的物质对于单一能量的 X 射线的"等效"质量衰减系数可用如下公式计算：

$$\mu_m = \sum_{i=1}^{n} a_i \mu_m^i \tag{3-6}$$

式中　μ_m^i——第 i 种物质的质量衰减系数；

a_i——第 i 种物质所占的质量百分比。

对于不均匀的物体来说,即物质内的衰减系数均不相同,可以表示为:

$$I = I_0 e^{-\mu_1 \Delta x} e^{-\mu_2 \Delta x} e^{-\mu_3 \Delta x} \cdots e^{-\mu_n \Delta x} = I_0 e^{-\sum\limits_{n=1}^{N} \mu_n \cdot \Delta x} \quad (3\text{-}7)$$

式中　N——级联的单元数。

在非均匀材料的扫描过程中,以 I_0 表示 X 射线初始射入材料时的强度,对式(3-7)进行标准化处理,可以改写为如下形式:

$$I/I_0 = e^{-\mu_1 \Delta x} e^{-\mu_2 \Delta x} e^{-\mu_3 \Delta x} \cdots e^{-\mu_n \Delta x} = e^{-\sum\limits_{n=1}^{N} \mu_n \cdot \Delta x} \quad (3\text{-}8)$$

取负自然对数后得到:

$$p = -\ln\left(\frac{I}{I_0}\right) = \ln\left(\frac{I_0}{I}\right) = \sum_{n=1}^{N} \mu_n \cdot \Delta x \quad (3\text{-}9)$$

在单元尺寸无限小时,式(3-8)、式(3-9)可以写成积分形式:

$$I = I_0 e^{-\int_L \mu_n dx} \quad (3\text{-}10)$$

$$p = -\ln\left(\frac{I}{I_0}\right) = \ln\left(\frac{I_0}{I}\right) = -\int_L \mu_n dx \quad (3\text{-}11)$$

上述公式中,L 表示为沿着 x 轴方向的直线。更加一般的表达式中 μ_n 都是坐标 (x, y) 的函数,对于某一特定的断层,二维的位置坐标 (y, z) 变成了单方向的一维坐标 (y)。假设 X 射线方向上的坐标仍用 x 表示,μ_n 则写成 $\mu(x, y)$,式(3-9)可以化为如下公式:

$$p = p(y) = \sum_{n=1}^{N} \mu(x, y) \cdot \Delta x \quad (3\text{-}12)$$

CT 扫描实验中,被研究物质的密度借助 X 射线的衰减系数进行表征,非均匀物质的密度差比密度的绝对值更为重要。CT 图像中 X 射线衰减程度随不同密度的物质发生变化,因此可以根据 X 射线衰减程度的大小来比较不同密度的物质。通过 CT 数表示 X 射线穿透物质时的衰减程度,定义为 X 射线穿过物质的衰减系数相对于 X 射线穿过水的衰减系数。

$$CT = 1\,000 \times \frac{\mu_{物质} - \mu_{水}}{\mu_{水}} \quad (3\text{-}13)$$

CT 值是测定人体某一局部组织或器官密度大小的一种计量单位,通常称为享氏单位,空气为 $-1\,000$,水为 0,致密骨为 $+1\,000$。而 CT 值与物体密度存在正比关系,膏体平均密度大于水但小于密骨,故其 CT 值介于 $0\sim1\,000$ 范围内。

(2) 工业 CT 扫描设备

实验所需的扫描设备采用河南理工大学购置的 Phoenix v|tome|x s 工

业 CT 设备,如图 3-4 所示。该设备是 GE 检测科技公司研发的科研平台,工业 CT 广泛应用于电子元件、油气储存、涡轮叶片检测等,具有能检测高密度及大尺寸物体,有高度的灵活性,可实现高精度、高密度检测等特点。相比于医疗 CT,工业 CT 的穿透性更强,射线源更加稳定,扫描能量高,精度更加准确。

图 3-4　Phoenix v|tome|x s 工业 CT

该设备配备了 300 kV 微焦点 X 射线管,不仅适用于产品检测,还广泛应用于科学研究等领域。可以实现高放大比、高精度扫描,最高扫描精度可达 1 μm。该设备还拥有高动态范围的数字化探测器,可以实现自动检测,详细参数见表 3-1。

表 3-1　Phoenix v|tome|x s 型工业 CT 设备基本性能指标

最大管电压	最大管功率	细节分辨能力	最小扫描距离	最大分辨率	几何放大倍数	辐射泄漏率	物体最大载荷
240 kV	320 W	1 μm	4.5 mm	<2 μm	1.46~180	<1.0 μSv/h	10 kg

经过反复调试扫描系统参数,最后确定系统放大倍数为 1 000 倍,扫描单元分辨率为 5 μm,即为一个像素,可以探测到尺寸在 5 μm 以上的孔隙,图像层与层之间的间隔为 5 μm,扫描长度约为 100 mm。两次实验以相同参数和相同方位进行显微 CT 扫描。试件最终的尺寸(高度×直径)为 150 mm×120 mm,扫描过程如图 3-5 所示,本实验系统在各性能指标上均达到国内较高水平,为金属和非金属采矿的微观研究提供设备基础。

图 3-5　高精度工业 CT 对压缩床层的扫描过程

（3）CT 扫描结果

CT 扫描得到的图像像素为 1 941×2 214(pixel)，样品中气相、液相与固相的密度差距很大，故两者与固相的灰度值相比差别很大。尽管气相与液相的灰度值相差不多，但也需要在后续图像处理等过程中区分孔隙结构和尾砂固相，有/无剪切作用时絮团压密区 CT 扫描图像如图 3-6 和图 3-7 所示。

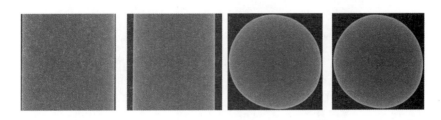

图 3-6　无剪切作用时絮团压密区 CT 图像

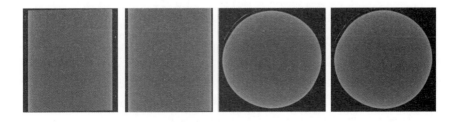

图 3-7　有剪切作用时絮团压密区 CT 图像

3.2　CT 图像处理与三维重建

3.2.1　CT 图像处理方法

（1）切割处理

在实际扫描过程中,射线源的稳定性会影响对样品的扫描结果,同时运动误差、电子器件噪声也会影响图像的品质呈现,无法直接进行矢量操作。若直接对原始图像进行处理,不仅产生重构使结果不清晰,还会为后续孔隙结构分析造成极大的误差,扫描误差导致图像两侧的信息获取较少。

因此必须对所获得的图像进行预处理,将获取的 CT 图像进行截取,选取受扰动最小的中间部分进行重建,如图 3-8 所示,然后再对获取的重建体进行更详细的划分,以便于进行后续分析和观察。借助图像处理软件对 CT 图像进行切割处理,借助切割工具通过堆栈处理对一系列目标图像进行矩形选取。

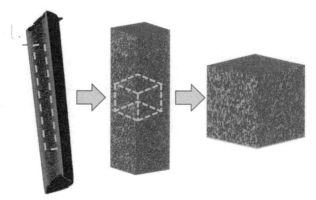

图 3-8　CT 图像截取部分重建示意图

（2）灰度化处理

图像灰度化处理就是将多彩的图像转化为灰度图的过程,自然界中的色彩都由三基色(红、黄、蓝)组成,彩色图像中的像素也是由三基色的各个分量决定的。彩色图像转变为灰度图像可以减少后续图像的计算量,通过对三基色的分量进行加权平均,可以得到合理的灰度图像。

灰度化处理之后,还要对图像进行增强对比度处理,增强对比度可以更加清晰地表明研究的目标孔隙。为了去除图像中的噪声点以突出有效的图像信息,还需对图像进行滤波处理。图像滤波处理前后对比如图 3-9 所示。

(a) 处理前　　　　　　　　　　　　　(b) 处理后

图 3-9　图像滤波处理前后对比

（3）二值化处理

图像二值化即对图像进行阈值调节，也称为阈值分割，是 CT 图像实现重建的基础。获得准确重建结果的前提是对孔隙和骨架结构的准确划分，本质是对图像中各组成成分的像素分类，基本处理思想就是提取图像中有用的信息[125]。处理过程就是对图像中的物质进行划分，将密度高的尾砂颗粒划分为白色，密度低的孔隙划分为黑色，同时去除图像中无关的部分，图像中最后只留下研究目标和背景两部分。

对灰度图像从 0～255 进行划分，一共分为 256 个级别，从小到大依次表示为从最黑向最白转换，0～255 中间的数值即表示为灰度值，如图 3-10 所示。通过调节灰度值的范围，确定最佳的二值化处理结果，最终处理结果只有黑白两种颜色。

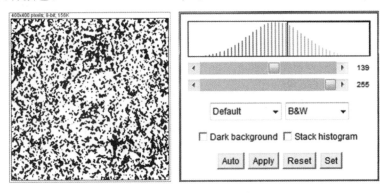

图 3-10　二值化调节过程

图像的二值化处理实际上就是对像素点进行分类。图像是由众多方形的"格子"组成，每个"格子"的长度即为像素。假设一幅裁剪后的 CT 图像大小为 $M \times N$，$f(x,y)$ 表示位于图像中 $(x-1)$ 行、$(y-1)$ 列的像素的灰度值，其中，$0 \leqslant x \leqslant M,0 \leqslant y \leqslant N,x,y \in$ 整数。

$$g(x,y) = \begin{cases} 1, & f(x,y) \geqslant T \\ 0, & f(x,y) < T \end{cases} \tag{3-14}$$

对于图像 $f(x,y)$，选取合适的阈值进行调节，利用式（3-14）进行图像的矩阵运算处理[126]。二值化后的图像去除了多余信息的干扰，图像由黑白两种颜色构成，选择不同的调节范围会得到不同的处理效果。

图像划分后显示为由 1 和 0 构成的信息结果，根据划分原理，像素点 1 表示为研究目标，显示结果为白色；像素点 0 表示为背景，以黑色表示。划分示意图如图 3-11 所示。CT 扫描的原理就是根据物质的密度不同对样品进行扫描，二值化处理根据尾砂颗粒骨架和孔隙结构密度差别较大的特点，借助阈值调节将两种不同的物质进行分离，我们的研究目标为孔隙结构，因此在二值化处理过程中还需要对图像进行求反处理。

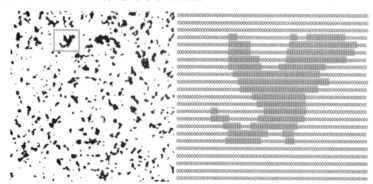

图 3-11　图像二值化划分示意图

（4）图像处理结果

本书中所有的原始 CT 图像均采用 Image J 软件进行处理。该软件常用于医学研究，是一个基于 JAVA 语言开发的图像处理软件，可以处理多字节的图像，兼容 TIFF、PNG、JPEG、BMP 等多种格式的图像；图像堆栈功能可以批量处理图像。除了基本的图像操作，如缩放、平滑处理外，还可以进行像素统计、角度计算等。

CT 图像经过滤波、清除噪点和二值化处理过程后，图像中的干扰信息被有效排除,有/利于图像中真实的孔隙信息的表达。二值化后的图像由黑白两种颜色构成,根据 CT 扫描的能量吸收原理,黑色部分表示孔隙,白色部分表示固体颗粒,CT 图像预处理过程如图 3-12 所示。有无剪切作用下的 CT 图像二值化处理结果如图 3-13、图 3-14 所示,可以明显看出,无剪切条件作用时的尾砂絮团孔隙连通较好,孔隙尺寸较大,现实情况表现为絮团压缩情况较为松散。

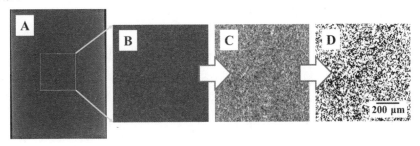

图 3-12　原始 CT 图像预处理过程

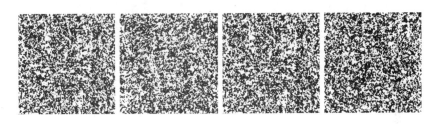

图 3-13　无剪切作用时各截面 CT 图像二值化处理结果

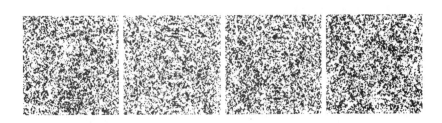

图 3-14　有剪切作用时各截面 CT 图像二值化处理结果

3.2.2　絮团细观孔隙结构三维重建

（1）图像重建原理

目前基于 CT 图像可以进行三维重建的软件有很多,以 Matlab 软件为例,该软件基于编程设定命令进行操作,以矩阵运算为基础,可以进行数据计算、图像处理和绘制函数等操作,广泛应用于工程计算、数值模拟和信号处理等领域[127]。相比于其他编程软件,该软件具有完整图像处理功能,矩阵运算方便数据的处理,处理过程便捷,计算结果准确。

经过对二值化处理后的图像进行三维重构,然后对絮团孔隙结构进行提取,对孔隙结构的可视化和孔隙分布规律进行探究。二维图像通过层层叠加重构成三维立体图像的实质就是三维体数据的可视化操作,本书采用体绘制的方法来显示重构体的内部信息。

首先设定命令将前期处理后的二值化图像进行输入,设定处理层数构造出一个边界为 $X \times Y \times N$ 的矩阵 D,然后借助相关函数显示每层图像上的信息,并对层之间的间隔进行设定。然后对碎片信息进行构造,对信息显示的颜色、光线、角度进行定义。最后定义观察者视角,显示图像的轴及显示比例并输出结果。重构原理示意图如图 3-15 所示。

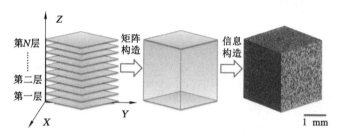

图 3-15　尾砂絮团三维重构原理示意图

（2）絮团压密区重建结果

将经过预处理后的图像输入至所编程序中,经过工作站的运行最后得出重构的三维立体图形,如图 3-16 所示。颜色较深部分代表后续研究的目标孔隙,颜色较浅部分代表了尾砂颗粒固体。由于样品顶部的孔隙结构相差不大,受剪切条件的影响较小,而中部的孔隙结构受剪切作用的影响很大,存在不稳定因素,因此我们进行折中考虑,选取床层最为稳定的底部进行微细观研究。在床层底部相同的位置选取体积大小一致的立方体进行孔隙结构提取。

（3）单元体提取与孔隙结构分析

有/无剪切样品的扫描重构结果如图 3-17（a）、（b）所示,长宽尺寸均为 2 mm,高为 10 mm;为了方便孔隙结构的提取,对底部提取 2 mm 见方的微元进行定量研究。如图 3-17（c）所示,无剪切作用时的孔隙分布很密集,既包括大尺寸孔隙结构,也包括小尺寸的微孔隙。如图 3-17（d）所示,有剪切作用时的孔隙分

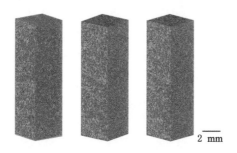

图 3-16 样品重构结果

布较为松散,微孔隙含量较少,说明剪切作用可以影响微孔隙的含量。

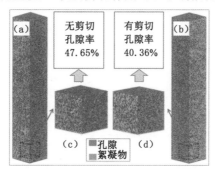

图 3-17 尾砂絮团微元提取

对单元体取样后,开始提取孔隙结构,然后对提取的孔隙结构进行放大观察,提取结果如图 3-18 和图 3-19 所示。发现有剪切作用时的孔隙结构较为松散,有很多互相连通的孔隙结构在剪切力的作用下分化为若干的独立孔隙结构,因此造成孔隙结构数量增多。

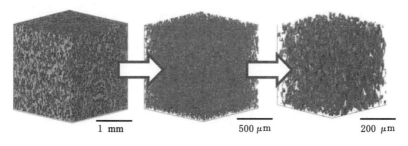

图 3-18 有剪切作用时孔隙结构提取

剪切作用改变了孔隙结构,将水分在剪切力的作用下运移至泥层上部,未排出的水分一部分仍然连通孔隙结构,另一部分由存在于连通孔隙结构转至独立的单个孔隙结构中。水分排出的空间由尾砂固体颗粒替换,因此孔隙率得到提升,底部浓度提高。

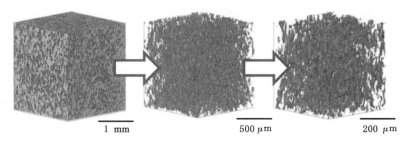

图 3-19　无剪切作用时孔隙结构提取

4 深锥浓密过程中絮团群细观行为 及力学特性研究

在全尾砂可浓密性能表征研究过程中,发现絮团尺寸影响沉降速度,絮团网状结构的强度影响底流浓度。全尾砂絮团的细观结构和力学行为是影响浓密效果的根本原因,因此有必要开展更深层次、更细尺度的研究。本章对沉降过程中的絮团尺寸结构、压缩过程中的导水通道分布、剪切作用时的网状结构细观力学行为开展相关研究。

絮凝剂的添加大大提高了固液分离的效率,通过增加沉降絮团直径,达到提高颗粒沉降速度和降低上清液浊度的目的。但是絮团自身的结构对沉降和浓密效果产生重要的影响:① 沉降阶段,絮团越密实,固液密度差越大,沉降速度越大;反之,絮团越疏松,沉降速度越小。② 压缩阶段,Nasser 等[128]的实验结果表明,絮团越密实,越不易压缩,底流浓度越低;絮团越疏松,越易压缩,底流浓度越低。上述分析就在沉降和压缩两个阶段对于絮团直径和絮团结构提出了相互矛盾的要求。

全尾砂絮团是在布朗运动和湍流作用下,使尾砂颗粒与絮凝剂长链相撞并结合在一起,形成的具有分形特征的不规则团状物。随着研究的不断深入,在混沌学、分形学与耗散结构研究的基础上,人们逐步对无序的、无规则的絮凝过程开展了定量研究,结果表明,絮团结构的两大重要因素是:密度和强度。研究结果[129]表明,颗粒聚结效果越好,越有利于提高絮团的分形维数,尤其是絮凝沉降加入絮凝剂后,用分形维数表征絮体结构密实程度和絮团的生长现已作为定量控制参数,以评价絮凝效果[130-131]。

导水通道是在堆积絮团之间封闭的水上排过程中,由于液体富集,絮团变形组合后产生的液体向上运动的通道。静态通道仅由于重力和布朗运动所产生,较易封闭,排水不彻底;动态通道是在静态通道的基础上加入剪切作用,通过压缩破坏絮团结构,改变絮团空间位置产生的导水通道,不易封闭,排水过程彻底。导水通道也具有明显的分形特点,可利用分形维数表征导水通道的长度、宽度、连通度等关键参数[132]。

全尾砂絮团群网状结构的强度是影响浓密过程的内在原因。网状结构能够抵抗外力的作用,将水封闭在床层内部。随着浓度的提高,床层的强度越大,排水能力越低。由此带来的影响有两点:① 床层的压缩屈服应力增加,必须提供更大的床层高度或者设备高度以产生更大的压力,这样才能破坏网状结构;② 床层的剪切屈服应力增加,必须提供更大的搅拌扭矩,这样才能进一步提高浆体的浓度。因此,床层的力学行为是脱水机理研究的基础。

国内外对于动态条件下尾砂絮团群(固相)与封闭其中的水分(液相)的细观耦合作用过程,及其对浓密效果宏观的影响并未进行系统研究。本章将对尾砂浓密过程中絮团结构及导水通道的演化规律进行研究,将突破尾砂浓密的技术瓶颈,改善尾砂浓密效果,从而加快尾砂处置进程。

本章开展静态沉降实验,获取絮团微观结构的图像,利用数学分析方法,研究絮团结构、尺寸的分形特征,从而分析絮团结构参数对于沉降速度、沉降浓度的影响规律;开展连续动态浓密实验,对压缩过程中导水通道的分布情况进行分析,研究导水通道形成过程及机理,获得床层内部水分上升机制,从而对床层内部固液分布进行定量描述。

4.1　间歇沉降中的絮团结构细观规律研究

深锥浓密的过程可分为两个阶段:絮团沉降阶段和床层压缩阶段。尾砂浆进入深锥浓密机后,先与絮凝剂混合形成较大尺寸的絮团,进行絮凝沉降,到达深锥底部时形成高浓度床层;床层在上覆压力和搅拌作用下进行絮团压缩。絮团沉降的主要作用是澄清并形成床层,为浓密作业提供条件;絮团压缩的作用是将沉降床层中包裹的封闭水分排出,形成高浓度的底流。压缩过程是浓密作业的主要过程。

絮团的尺寸和结构在深锥浓密的两个阶段均发挥着重要的作用。在沉降阶段借助絮凝剂的作用,絮团尺寸一般能够达到"mm"级甚至"cm"级,而尾砂颗粒的尺寸级别一般仅为"μm"级。絮团的尺寸是絮凝效果的直接表征指标,并决定着沉降速度的大小,影响着固液分离的效率。在压缩阶段,若絮团结构疏松,则内部包裹着大量水分,造成床层整体浓度较低,不利于高浓度底流的获得;絮团形状不规则,则会造成沉积后的絮团之间接触不规则,孔隙较大,距离较宽,絮团之间包裹水分较多,同样造成床层浓度上升困难。

影响床层浓度进一步提升的另一个重要方面是在搅拌过程中导水通道的数量、宽度、延伸度等参数。絮团之间水和絮团内部水在搅拌作用下与絮团分离后,聚集成水团;在搅拌作用下,絮团之间的排列组合和相互位置不断变化,当聚集的水团相互连通后,便会在静水压力和搅拌的共同作用下,沿着已经连通的空隙向上流动,从而形成导水通道。因此,导水通道的形成、演化、湮灭过程对于高浓度底流的获得发挥着极其重要的作用。

4.1.1 实验方法

(1)静态间歇沉降实验及絮团细观结构检测方法

沉降实验及显微图像获取方法如图 4-1 所示,本实验包括两个部分:量筒沉降实验和絮团结构图像获取。首先开展量筒沉降实验,记录液面沉降速度和物料沉降浓度;在同样的条件下,二次开展实验,并在不同的沉降高度和时间,利用移液管将沉降物料移入小托盘,进行 240 倍图像获取。实验量筒为500 mL,浆体初始浓度 0.085(20 wt%),絮凝剂单耗 20 g/t,便携式显微镜的放大倍数为 240 倍。

图 4-1 沉降实验及显微图像获取方法

(2)絮团结构 SEM 扫描

SEM 扫描设备如图 4-2 所示,实验中最重要的是制备合格的样品,使其能够反映真实的絮团结构,从而为后续的样品加工创造条件。对于絮团结构的固定,本书采用硅酸钠替代固定法:在沉降过程中,利用大直径移液管(直径大于 1 cm)将物料转移至托盘中;往托盘中倒入一定量的液态硅酸钠,利用其流动性,将样品包裹并渗透,利用其空气硬化性,将絮团固定。

(3)絮凝剂介绍

阴离子型 PAM 絮凝剂:AN934SH。该絮凝剂是由丙烯酰胺与丙烯酸钠

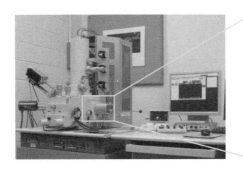

图 4-2　SEM 扫描设备

组成的高分子共聚物,在形貌上表现为白色颗粒或粉末状,具有较好的水溶特性。其技术指标见表 4-1。

表 4-1　絮凝剂技术指标

性质	分子量范围	固含量	理论阳离子度	UL 黏度	密度(25 ℃)
	万	%	摩尔%	cps	g/mL
阴离子型	1 200～1 500	>85	30	5.40～6.20	0.8

4.1.2　絮凝剂单耗对絮团结构分形特征的影响

4.1.2.1　静态间歇沉降实验结果

在前述实验方案的指导下,开展室内静态沉降实验研究,在固定时间间隔记录沉降液面高度,计算液面沉降速度,结果如图 4-3 所示。

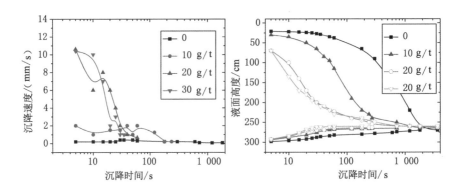

图 4-3　沉降速度和沉降高度对比

由图 4-3 可知,随着絮凝剂单耗的增加,沉降速度逐渐增加。未添加絮凝剂的溶液沉降速度极慢,沉降末速仅为 0.4 mm/s;随着絮凝剂单耗的增加,沉降末速迅速增加,沉降末速分别为:2 mm/s,10.6 mm/s,10.4 mm/s,可知当单耗由 20 g/t 增加至 30 g/t 时,沉降速度基本持平,略有下降。

在不同单耗下,沉降速度相差较大,这是由于不同单耗产生的絮团尺寸不同。由图 4-4 可以看出,20 g/t 和 30 g/t 单耗时形成的絮团明显大于 10 g/t 时形成的絮团。

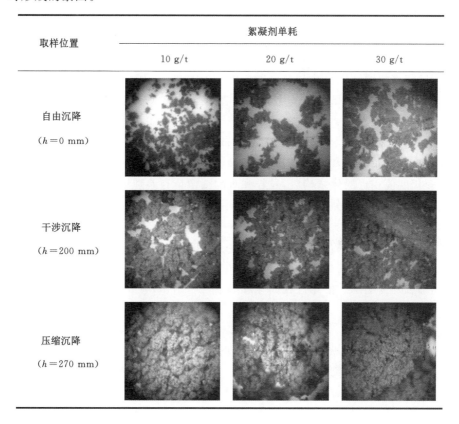

图 4-4 絮团尺寸变化

4.1.2.2 数据预处理技术

为了消除图像采集时因设备的误差或光照不均等因素所造成的随机噪声,并为图像分割做准备,在对原始图像进行计算之前可视情况进行一些图像处理操作,使原始图像灰度分布均匀,有利于图像的二值化处理。

（1）图像滤波和图像增强

在图像的获取过程中会产生一定的噪声和失真，这是由于设备中电子的随机扰动和周围环境不稳定的影响。为了更好地开展待研究对象的互相分割与提取，需采用滤波技术将图像中的噪声和失真清除掉，从而增强图像特征，以降低图像分析难度[133]。

尾砂或散体的微细结构原始图像，由于受到噪声的干扰，显示质量较差，不能直接做微细结构特征的提取工作。因此，需要采用图像平滑技术对所取图像进行去噪处理[134]。

（2）图像二值化

在基于 SEM 或 CT 扫描图像的定量分析中，图像的二值化工作非常重要，是获得絮团结构尺寸和导水通道特征的基础。同时它也影响着孔隙空间结构定量分析的结果。二值化又称阈值分割，其本质是将各像素进行分类的过程[135]。

针对絮团结构堆积及固液交叉分布图片的特点，利用颗粒和水的像素灰度大小和分布不同，通过阈值进行固液分类。其基本思路是认为水的图像由许多灰度值相近的像素构成，颗粒和水的图像具有差别较大的灰度值，可以通过取阈值将固液区分。由于固液分布不规则、不清晰，因此阈值的选取便成为固液分割的关键[136]。

假设一幅散体的 SEM 图像的大小为 $M \times N$，$f(x,y)$ 表示位于图像中（$x-1$）行、（$y-1$）列的像素的灰度值，其中，$0 \leqslant x \leqslant M$，$0 \leqslant y \leqslant N$，$x,y \in$ 整数，那么灰度图像二值化过程的原理如下[137]：

$$f(x,y) = \begin{cases} 1, & f(x,y) \geqslant T \\ 0, & \text{其他} \end{cases} \qquad (4\text{-}1)$$

这里的 T 称为阈值，经过二值化处理后，整体图像的所有像素点的颜色就只有黑、白两种，阈值的变化会使二值化效果差异明显。本书采用的 T 值选取方法是灰度直方图法：

$$p(g_k) = n_k/n \quad 0 \leqslant g \leqslant 1, \quad k = 1,2,\cdots,M \qquad (4\text{-}2)$$

式中　　g——规范化灰度值，$0 \leqslant g \leqslant 1$，黑：$g=0$，白：$g=1$；

　　　　M——灰度级数；

　　　　$p(g_k)$——第 k 级灰度的概率；

　　　　n_k——灰度级为 k 像素点出现的次数；

　　　　n——总像素数。

图形的灰度直方图的纵坐标为 $p(g_k)$，横坐标为 g_k。原始图像的灰度直方图一般有两个峰值，一个峰值对应实体成像图像部分，另一个对应背景部分。阈值取在两个峰值的波谷处，波谷越深越陡，二值化效果越好[138]。

（3）边缘检测

将原始图像二值化后，为了完善图像轮廓可以对其进行边缘检测。在图像处理中，最简单的检测方法是对原始图像按像素的领域构造检测算子，如Roberts边缘算子、Sobel边缘算子、Laplacian边缘算子、Canny边缘算子、Prewitt边缘算子等。图像的边缘分为两种：一种为两边像素的灰度值有着明显不同的阶跃性边缘；另一种为位于灰度值从增加到减少的变化转折点的屋顶状边缘。在絮团固液交叉分布的微细结构图像中，由于有胶结物的存在，屋顶状边缘这种情况比较普遍[139]。

本书运用Canny边缘检测方法对已二值化图像进行处理，然后再将边界离散点连接成光滑曲线，就能够清晰地表示边界信息。原始图像预处理过程如图4-5所示。

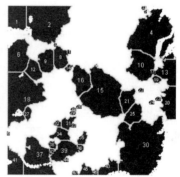

图 4-5　絮团粒度图像处理过程

（4）图像分割

根据前述理论和操作，对图像进行分割，从而获取封闭的块体，如图4-5所示。

（5）颗粒粒度分布

对于一幅分割好的絮团群微细结构图像，可以统计其颗粒面积分布情况和数目。本书采用标号法求颗粒的面积和颗粒的个数。标号法是指图像中不同的物体各自具有一一对应的识别号码，某一物体的像素点的标号是相同的。

设经过标号法统计的面积为 A，当量直径 D 是指颗粒面积大小为 A 的当量直径（等效圆直径），即[140]：

$$D = 2\sqrt{\frac{A}{\pi}} \qquad\qquad (4-3)$$

式中　D——当量直径,m;

　　　A——等效圆面积,m²。

4.1.2.3　絮团尺寸图像分析结果

边缘检测及平均粒度计算结果见表 4-2。

表 4-2　边缘检测及平均粒度计算结果

单耗	10 g/t	20 g/t	30 g/t
二值图像	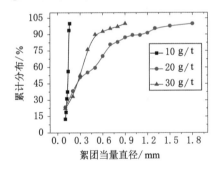		
平均粒径	0.128 mm	0.444 mm	0.326 mm

对表 4-2 和图 4-6 分析可知,10 g/t 单耗时,絮团的平均直径为 0.128 mm;20 g/t 时,絮团的平均直径为 0.444 mm;30 g/t 时,絮团的平均直径为 0.326 mm。20 g/t 时,絮团平均粒度最大。

图 4-6　絮团尺寸分布曲线

由絮团尺寸分布曲线可知,20 g/t 时,絮团直径最大,最大颗粒直径达到 1.8 mm,而且其直径分布区间较宽,小于 0.6 mm 的絮团含量达到 72.5%,因此平均粒径仅为 0.444 mm;单耗为 30 g/t 时,絮团最大直径约为 1 mm,最大直径减小约 50%,但其粒度分布较集中,0.5 mm 以下颗粒含量达到 75%,平均粒径为 0.326 mm。由图 4-7 可知,在相同条件下,絮团的尺寸和沉降末速具有相同的趋势,即絮团尺寸越大,沉降末速越大。

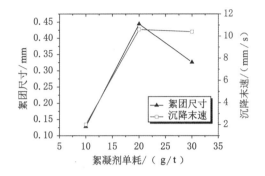

图 4-7 絮团直径与沉降末速变化曲线

4.1.2.4 絮团形貌及尺寸 SEM 扫描结果

由图 4-8 可知,随着絮凝剂单耗的增加,絮团形貌分别呈现为疏松不规则状(10 g/t)、密实多孔状(20 g/t)、密实不规则状(30 g/t)。形貌对于沉降性能的影响在于:疏松不规则状其单体絮团直径较小,沉降速度较慢;密实多孔状形状规则,絮团结构密实,密度较大,沉降速度明显增加;密实不规则状尺寸最大,且结构密实,因此沉降速度最大。

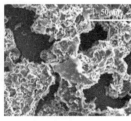

图 4-8 絮凝剂单耗对絮团结构的影响(×1 000)

20 g/t 时絮团结构最为密实,沉降区域内部包裹的水分以絮团之间水分为主;而 10 g/t 和 30 g/t 时,絮团较疏松,两种不同性质的包裹水量均较大。

由图 4-9(d)可知,随着絮凝剂单耗的增加,絮团结构的分形维数亦呈先增加后下降的趋势,由 2.652 增加至 2.715,后又降低至 2.680。沉降末速与絮团的分形维数关系趋势相同。絮团结构的分形维数越大,代表絮团越密实,絮团内部的颗粒间距越小,床层内包含的絮团内部水和絮团之间水越少,絮团密度与液体密度之差越大,沉降末速越大。

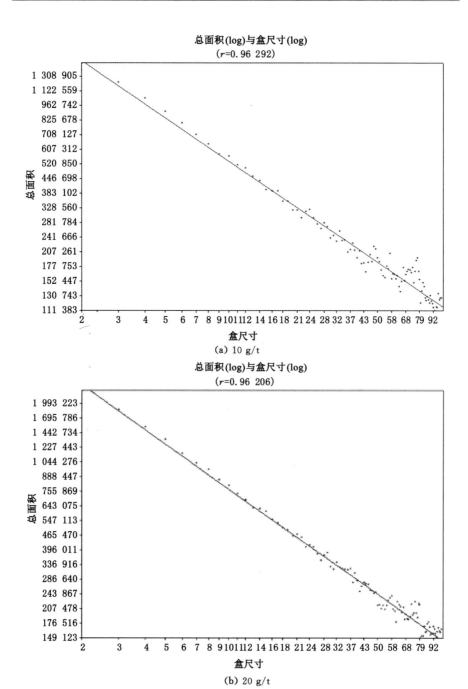

(a) 10 g/t

(b) 20 g/t

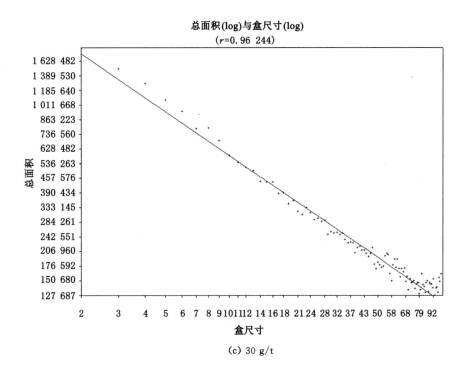

(c) 30 g/t

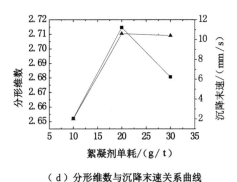

（d）分形维数与沉降末速关系曲线

图 4-9 絮团结构分形特征参数曲线

4.1.3　絮团生长过程

在此过程中形成的絮团具有两大特性，即自相似性和标度不变性，也即分形特性。这是由于该过程具有随机性、非线性的特点。一般来说，絮凝团的分形维数值越大，絮凝团越密实，如图4-9所示。加入絮凝剂后，在静电作用下，形成尺寸较小的絮团；再加入阴离子絮团后，形成具有链状结构的絮团；在搅拌过程中，链状絮团相互组合，形成大絮团。阳离子絮团单体较密实，复合絮团尺寸较大，其内部包裹一定水分。絮凝过程及模型如图4-10所示。

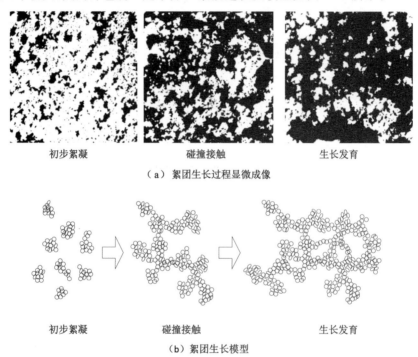

初步絮凝　　　　　　碰撞接触　　　　　　生长发育

（a）絮团生长过程显微成像

初步絮凝　　　　　　碰撞接触　　　　　　生长发育

（b）絮团生长模型

图4-10　絮凝过程及模型

影响絮凝作用机理的因素主要有以下三个：① 尾砂性质，颗粒越细小其单位体积的比表面积越大；② 絮凝剂的性质，即不同絮凝剂在不同条件下的水解产物的形态不同；③ 高分子絮凝剂水解产物与尾砂颗粒之间的相互作用。

如图4-11所示，絮团内部结构呈多孔网状，内部包裹了大量的水分，其结构具有一定的自相似性。利用盒计数法计算其分形维数，已知其盒维数为0.964，如图4-12所示。显然，未经压缩的絮团，其盒维数较小，其内部包裹的水分较多,只有将絮团结构破坏,才能将絮团内部的水分排出,达到更高的浓度。

图 4-11 絮团微观结构及尺寸的影响

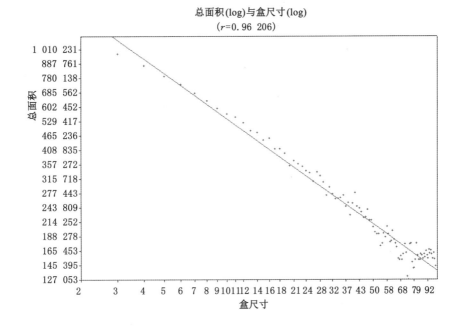

图 4-12 絮团结构盒维数(0.964)

4.2 搅拌条件下导水通道分布细观定量特征

4.2.1 实验装置

小型连续浓密装置模型的结构及其布置如图 4-13 所示。该装置包括一个小型连续浓密机（直径 15 cm，高度 50 cm，耙架转速 0～20 r/min，耙架高度 2 cm，导水杆 4 根）、给料泵、底流排料泵、溢流系统等。实验影响因素及水平见表 4-3，其中，目标床层高度 14 cm，絮凝剂单耗 20 g/t。

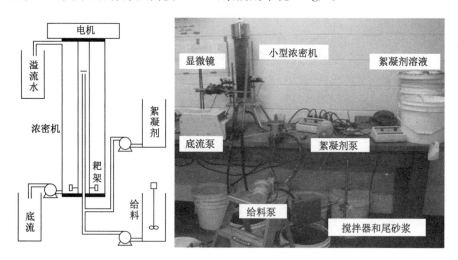

图 4-13　实验装置的结构及其布置图

表 4-3　实验影响因素及水平

因素	停留时间/h	搅拌速度/(r/min)	给料固体通量/(t/h/m²)
水平	0.5～5	0～1	0.01～0.1

4.2.2 实验步骤

（1）按设定浓度配制合格絮凝剂溶液，搅拌速度低于 300 r/min，搅拌时间 4 h；

（2）按设定浓度配制合格矿浆，要求矿浆中不含任何絮凝剂；

（3）将小型浓密机进满清水；

（4）按照设定流量向浓密机中添加絮凝剂溶液；

(5) 当絮凝剂溶液添加 5 min 后,按照设定流量向浓密机中泵入给料矿浆,并开始计时;

(6) 利用显微镜观测絮团形貌和导水通道情况,定时拍摄絮团沉降和床层沉积图像;

(7) 当沉积床层高度达到设定值后,利用移液管取样检测不同床层高度处的尾砂浆浓度。

利用显微镜在床层垂直方向上进行表面图像获取,如图 4-14 所示;对图像进行分形处理,获取导水通道分布特征;床层高度 13 cm,搅拌速度 0.1 r/min,给料浓度 10 wt%,絮凝剂单耗 20 g/t。

图 4-14　实验方案图

4.2.3 实验结果

实验结果及图像获取位置如图 4-15 所示,床层压缩状态及导水通道随床层高度变化,床层上部絮团间距较大,导水通道发育且明显,随着床层深度的增加,颗粒越发密集,导水通道数量减少,尺寸降低,床层浓度升高。

(1) 床层顶部,絮团由干涉沉降状态进入堆积压实状态,絮团间开始相互接触,但是有大量的水分封闭在絮团之间。此时絮团距离床层顶部距离较近,仍受上部快速运动的絮团侧向运动的影响,某些关键位置絮团的位置或形状改变,便形成上部开口、宽度较大、连续性好的主导水通道。

(2) 床层中部,达到凝胶浓度以上时,絮团形成网状结构,随上部液体压力和固体自重压力,絮团结构发生改变,在搅拌作用下富集作用明显,导水通道周边絮团继续压密,次级导水通道形成,将未排出的水分挤入主导水通道。

(3) 床层底部,在剪切搅拌作用下,排水深入进行,絮团之间紧密连接,导水通道闭合,可观察到主导水通道的闭合残留空隙。

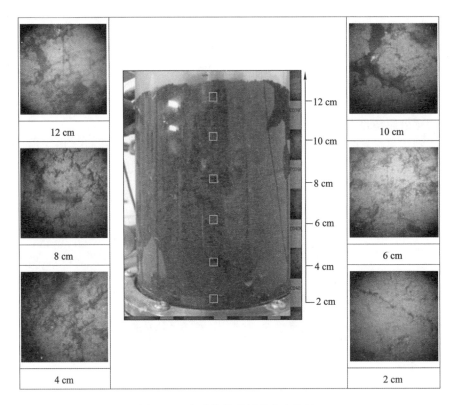

图 4-15　实验结果及图像获取位置

4.2.4 导水通道分布规律

4.2.4.1　图像处理方法及过程

其操作过程与前述基本相同,利用图像处理软件,首先将实验过程中获取的彩色图像转变成灰度图,再进行滤波与增强,最后选定阈值,进行二值化处理,过程如图 4-16 所示。

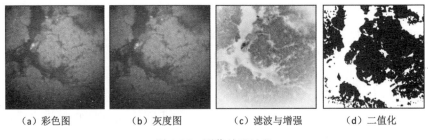

（a）彩色图　　　（b）灰度图　　　（c）滤波与增强　　　（d）二值化

图 4-16　图像处理过程

4.2.4.2　图像的分形特征

利用 FractalFox 图像分形处理软件,对床层中同高度处导水通道的图像结果进行定量处理与研究,利用分形盒维数表征导水通道的尺寸和连通度。盒维数越大,通道宽度越大,导水效果越好。

按照分形的定义,对于质量为 M 的物体,其微观特征长度为 R,二者之间的关系表示为[141]:

$$M(R) \propto R^{D_f} \tag{4-4}$$

式中　D_f——分形维数。

一般来说,絮凝团的分形维数值越大,絮凝团越密实。利用前述图像处理方法,对图 4-16 中的实验结果进行图像处理与分形维数计算,如图 4-17 所示。

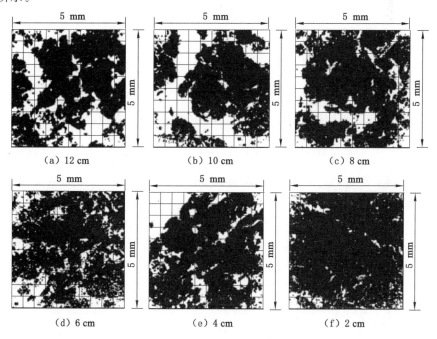

(a) 12 cm　　　　　(b) 10 cm　　　　　(c) 8 cm

(d) 6 cm　　　　　(e) 4 cm　　　　　(f) 2 cm

图 4-17　导水通道分布图像处理与分形维数计算

如图 4-18、图 4-19 所示,随着床层深度的减小,表征导水通道尺寸和联通程度的分形维数值呈下降趋势,深度越大,分形维数值越大。在床层上部导水通道的盒维数为 1.169,随着深度的增加,导水通道的盒维数增加至 1.586。同时,随着床层深度的增加,浓度也从 0.3 增加至 0.42。

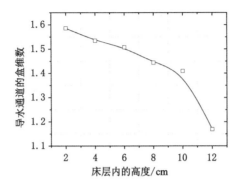

图 4-18　床层内部导水通道的分形维数

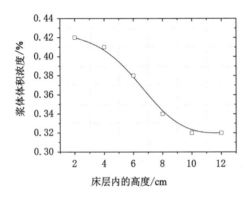

图 4-19　床层内部浓度分布曲线

在床层上部絮团之间的间距较大,导水通道表现为开放式的水窝,还未进行富集和连通,因此,分形维数值下降。

在床层底部絮团分维值达到最大。与之对应,絮团密实度也最大。导水通道数量、尺寸小,絮团间距和固体孔隙率小,浆体浓度大(体积浓度>0.4)。这是由于随着上部物料压力的增加和搅拌时间的持续延长,导水通道相互连通,使得絮团之间分散的水分聚集,打破絮团与水之间的静态平衡,在颗粒重力和侧压力的作用下,将水分沿通道上排,分形维数值又进一步提高,絮团趋于密实。

4.2.5 剪切导水模式研究

在获得了床层高度、底流浓度、导水通道三者之间的关系之后,开展剪切排水机理与模式研究,将物理实验结果进行抽象化、理论化,提出剪切导水模式假说。

4.2.5.1 搅拌前后水分分布状态

在自然沉积状态下,床层下部水分均匀分布,絮团间相互接触,絮团之间水和絮团内部水均呈稳定状态。与前述分析相同,水分相互无法连通,与絮团形成静力平衡。侧向搅拌时,搅拌产生压力作用和拉力作用:一是将絮团与水之间的静力平衡打破,使得絮团之间的水分集中于局部;二是将絮团自身结构打破,将絮团内部的水分释放出来,也在局部集中。同时,搅拌的扰动作用使得絮团之间的相互位置不断发生改变,当上下部孔隙连通时,便形成导水通道(图4-20)。集中在局部的水在静压力的作用下,沿着导水通道上排。

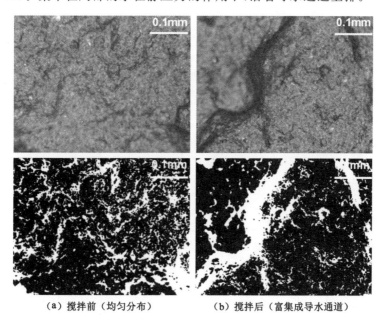

(a) 搅拌前(均匀分布)　　　　(b) 搅拌后(富集成导水通道)

图 4-20　搅拌对床层内部水分分布影响

4.2.5.2 剪切导水模式

搅拌的加入使得原本不连通的水分相互连通,从而形成导水通道,受力不平衡是排水的动力。排水模型一般有两种:压缩排水模型、拉伸排水模型。

如图4-21、图4-22所示,剪切导水模式假说解释如下:

(1)絮团内部压力、静水压力、重力形成平衡,水分和絮团的相对位置不变;

(2)拉、压应力将絮团结构破坏,孔隙连通,絮团内部压力沿导水通道向上传递;

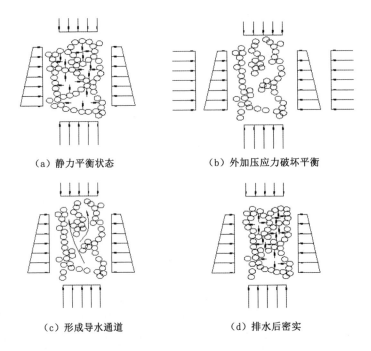

（a）静力平衡状态　　　　　（b）外加压应力破坏平衡

（c）形成导水通道　　　　　（d）排水后密实

图 4-21　压缩排水模式假说

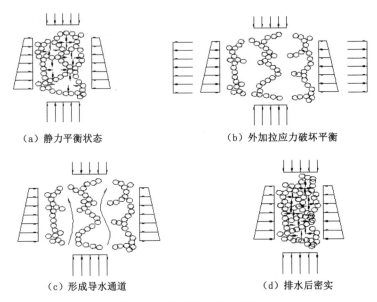

（a）静力平衡状态　　　　　（b）外加拉应力破坏平衡

（c）形成导水通道　　　　　（d）排水后密实

图 4-22　拉伸排水模式假说

（3）应力的传递伴随着颗粒位移，在静水压力作用下水分受挤压上排；

（4）随着下部水分的减少，原位置被絮团占据，絮团紧密接触，从而将导水通道阻断，形成新的力学平衡。

导水通道的产生和演化不仅与外部施加的应力有关，更与网状结构自身的强度性质相关。如果网状结构自身强度大，则需要提供更大的外部应力，反之亦然。根据散体力学和浆体流变学，高浓度固液混合物不仅能够承受压力，而且能够承受剪力。抗压强度的为床层高度的确定提供依据，抗剪强度为搅拌扭矩的确定提供依据，二者是表征网状结构强度的统一整体。

4.3 全尾砂絮团网状结构剪切导水力学机理研究

由前述分析可知，压缩和拉伸是剪切排水的两种基本模式，而产生排水的外力在于耙架提供的压缩应力和剪切应力。但是，根据力的相互作用原理，网状结构的内力才是决定其排水过程的根本原因。絮凝沉降形成的网状结构内力包括两个方面：抗压强度和抗剪强度。利用压缩屈服应力表征网状结构的抗压强度，利用剪切屈服应力表征网状结构的抗剪强度。压缩屈服应力随浓度的增加呈指数形式上升。值得注意的是，该趋势与浆体的宾汉姆屈服应力有着相同的趋势，二者之间的关系则成为了研究目标。

4.3.1 流变参数检测方法优化

目前，流变仪的类型较多，包括同轴圆柱型、锥板型、平板型、毛细管黏度仪、桨式流变仪等多种[142]，由于桨式流变仪能够降低壁面滑移效应的影响[143]，因此其应用越来越广泛。

但在实际应用过程中，由于操作方法的不同，即使是同一种流变仪所得的检测结果也会存在较大差异[144]，从而使得管道输送系统的设计偏离实际。若检测结果小于实际值，则所设计管道系统无法输送，反之则造成能耗过大。

塌落度法是近年来发展起来的利用实验塌落度计算浆体屈服应力的方法[145]，由于塌落度在工程上能够较直接地反映料浆的流动性能，因此，该方法与工程实际更加接近[146]。

基于浆体流变学理论，针对桨式流变仪的不同操作方法，对全尾砂膏体物料的屈服应力进行检测，同时利用塌落度法所得工程应用值对桨式流变仪的操作进行优化和修正，最终推荐桨式流变仪的规范操作方法。对多种"屈服应力"进行理论方面的探讨及实际操作过程的优化和标准化，以形成较为精确、全面的屈服应力检测与应用体系。

4.3.1.1　桨式流变仪检测原理

检测原理如图 4-23 所示[147]。屈服发生在桨式转子旋转所产生的圆柱面附近,发生屈服的是浆体本身,避免了壁面滑移效应[148]。桨式转子的另一个优点在于插入浆体的过程中,不会对浆体产生明显的扰动,这对于触变性流体是非常重要的。

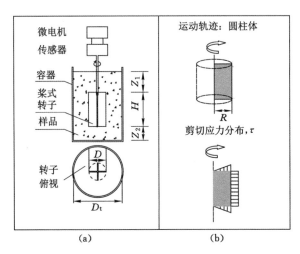

图 4-23　桨式转子检测方法与受力分析

桨叶克服浆体的屈服应力才能够转动,转动使周围一定区域内的浆体发生剪切作用,转子转动时应力与扭矩关系如下:

$$T = (\frac{1}{2}\pi D^2 H + \frac{1}{6}\pi D^3)\tau_y \qquad (4-5)$$

式中　T——桨叶所受扭矩,N·m;

　　　τ_y——浆体的屈服应力,Pa;

　　　D——剪切圆柱体直径,m;

　　　H——剪切圆柱体高度,m。

为了消除检测过程中的边壁效应,Nguyen 等[149]认为容器的尺寸及插入的深度应遵循以下比例:$D_t/D>2.0$, $Z_1/D>1.0$, $Z_2/D>0.5$(图 4-23)。

4.3.1.2　桨式流变仪操作原理

屈服应力的测量通常分为直接法与间接法。静态屈服应力通常使用直接法测量,动态屈服应力通常使用间接法回归得出。直接法是运用传统流变仪获取应力变化曲线后,直接在曲线上取值获取屈服应力。此方法具有快速简便的优势,但缺点在于旋转部分与浆体之间会产生一定的滑移效应[150],从而降低实验的精确性。间接法是指方程回归法,该方法通过假设的模式方程拟合实验数据获得屈服应力[151]。

(1) CSS(Controlled Shear Stress,控制剪应力)法

控制浆叶剪切应力以恒定的速率增加,当浆叶施加的应力低于浆体屈服应力时,浆叶无法转动,即浆体不产生应变;当浆叶应力增加至与浆体屈服应力相等时,浆叶开始转动,浆体产生应变;随着浆叶应力的继续增加,浆体应变继续扩大,此时应变被当作应力的函数检测出来,便得到浆体的应力-应变曲线,该曲线表示了浆体的本构关系[152],本构关系划分了多种不同的非牛顿流体[153]。

图 4-24 所示是典型的剪切应力-剪切速率曲线[154],在应用过程中,利用该曲线可以分为三种不同的情况,从而获取不同的屈服应力。通常情况下,对曲线中的线性部分进行回归得到的屈服应力,称为宾汉屈服应力(B 点),此时,线性回归的斜率称为黏度系数[155]。宾汉屈服应力是一个回归应力,而不是真正意义上的浆体屈服应力[156]。同时,流体发生流动的瞬间应力(A 点)一般情况下低于宾汉屈服应力,本书称为"低屈服应力";回归曲线与应力-速率曲线的切点处(C 点)的应力一般高于宾汉屈服应力,可称为"高屈服应力"。

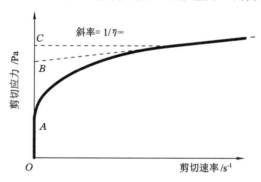

图 4-24 典型剪切应力-剪切速率曲线

(2) CSR(Controlled Shear Rate,控制剪切速率)法

浆叶完浸没于浆体中,并以恒定的速度旋转。此时扭矩作为时间的函数被检测出来。传统的剪切应力-时间曲线如图 4-25 所示。当浆叶旋转时,区域 OA 视为瞬时效应,由设备内部机械作用造成,可以忽略不计。AB 区域为线性区域,由于浆体的弹性所造成;AB 区域的斜率可以用来检测浆体的弹性模量 G。随着旋转的继续进行,浆体越来越多地表现为黏性,如图中 BC 区

域。扭矩最大值出现在 CD 区域,当屈服表面几何参数和剪切应力分布情况明确后,即可计算出屈服应力[157-158]。

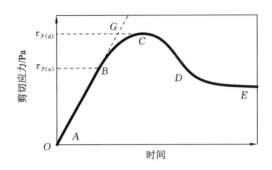

图 4-25　剪切应力-时间曲线

在转动的初期,网状结构发生弹性拉伸;当应力增加到某一点后,网状结构达到弹性极限产生局部破坏。在线性阶段后,曲线开始弯曲,物料表现为黏弹性体。当达到曲线最高点时,网状结构完全破坏。最终,剪切应力下降至静态屈服应力以下[158]。

由图 4-25 可知,存在两个屈服应力。第一个屈服应力发生在黏弹性体的终止阶段,该应力一般称为静态屈服应力($\tau_{y(s)}$),这是因为剪切作用并未产生明显的流动。剪切应力-时间曲线的峰值称为动态屈服应力($\tau_{y(d)}$),表示黏性流动的开始。

4.3.1.3　塌落度屈服应力理论及检测方法

Pashias[159]提出圆柱桶塌落度法,并将塌落度与屈服应力联系起来。检测方法与分析原理见图 4-26,假设当塌落度筒上提过程中不会导致物料的任何变形。因此,未变形物料的初始形态可认为是完美的圆柱或圆锥。

由于物料自重产生的垂直方向应力是作用在物料上的唯一作用力。因此,可以通过 z 高度上物料的重量来表征在表面以下某高度 z 上物料内部的压力 p。

以初始高度时物料中心为原点,以半径方向为横坐标(r),以垂直方向为纵坐标(z,向下为正方向)建立坐标系,则在某一高度 z 处上覆浆体产生的静压力 p 为:

$$p\mid_z = \rho g z \tag{4-6}$$

式中　ρ——浆体密度,t/m^3;

　　　g——重力加速度,m/s^2;

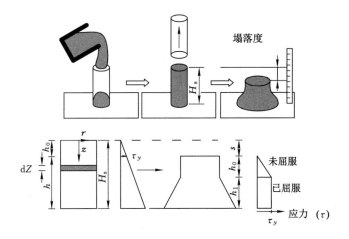

图 4-26　塌落度检测原理示意图

z——坐标系内物料高度,m。

则由图 4-26 可知,该处的无量纲应力为:

$$\tau\mid'_z = \frac{1}{2}z' \tag{4-7}$$

式中　τ'——无量纲应力,$\tau' = \tau\rho g H_s$;

　　　z'——无量纲高度 $z' = z/H_s$。

式(4-7)说明对于圆柱筒,高度方向上的应力分布是线性的,在最上部为0,在底部最大。从而得到物料的屈服应力:

$$\tau'_y = \frac{1}{2}h'_0 \tag{4-8}$$

对于塌落度检测过程中未变形区域的某一高度 h'_0,物料剪切应力大于屈服应力 τ'_y,同时,物料流动(塌落)直到剪切应力低于屈服应力。在屈服区域上方,垂直方向应力低于屈服应力,因此该区域物料保持未屈服状态。在塌落过程中,假设屈服物料与未屈服物料之间的分界是一个水平面,且该水平面在物料塌落的过程中向下运动[21]。因此,最终塌落高度由两部分组成,即未屈服高度(h_0)和屈服高度 h_1。未屈服区域的无量纲高度 h'_0 决定于替代 $\tau\mid'_z$ 的 τ'_y。

对屈服结果进行积分,得:

$$h'_1 = -2\tau'_y \ln(h'_0) \tag{4-9}$$

无量纲的塌落度表达式为:

$$s' = 1 - h'_0 - h'_1 \tag{4-10}$$

将式(4-7)代入式(4-10)计算圆柱体屈服量,从而形成无量纲塌落度与无量纲屈服应力之间的最终关系表达式[160]:

$$\tau'_y = (1 - s')/2[1 - \ln(h'_0)] \tag{4-11}$$

结果通过无量纲变量表征,从而使得不同尺寸的塌落度筒和不同屈服应力物料的检测标准归一化。

前述式中无量纲变量定义为:无量纲屈服应力 $\tau_y = \tau'_y/\rho g H_s$;无量纲塌落度:$s' = s/H_s$;无量纲未变形高度:$h'_0 = h_0/H_s$;无纲量变形高度:$h'_1 = h_1/H_s$。其中:$H_0$ 为初始高度,m;s 为塌落度,m;h_0 为未变形高度,m;h_1 为已变形高度,m;

4.3.1.4 实验方法介绍

本实验采用 Brookfield R/S 型流变仪进行检测,选用转子尺寸为 $H = 4$ cm,$D = 2$ cm。本实验容器选用普通 500 mL 烧杯,$D_t = 8.5$ cm,$Z_1 = 5.5$ cm,$Z_2 = 2$ cm。物料浓度分别为 0.539(76 wt%),0.568(78 wt%),0.597(80 wt%),0.628(82 wt%)。

塌落度圆柱筒几何尺寸为:高度 10 cm,直径 5 cm。塌落度参考 Wallevik[161] 的研究进行检测,如图 4-26 所示。

4.1.3.5 实验结果与分析

(1) CSS 结果分析

按照要求,将转子插入指定位置后,设置转子剪切应力从 0 以均匀的速率增加至较大值(四组实验分别为:60 Pa,80 Pa,200 Pa,350 Pa),检测时间 120 s,得到剪切速率-剪切应力曲线,如图 4-27 所示。

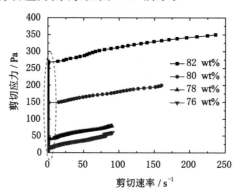

图 4-27　各浓度样品剪切速率-剪切应力曲线

由图 4-27 可知,各样品流变曲线为直线,较符合宾汉姆体模型,屈服应力回归结果见表4-4。将横坐标改为自然对数关系,可以较清楚地看到在达到宾汉屈服应力之前浆体就已经发生细微屈服,桨叶以较低速率转动。

根据前述分析,在弹性变形之后进入黏弹性体阶段,此时,转子剪切速率约为0.05 s^{-1},所对应的剪切应力为低屈服应力,同理,回归曲线与流变曲线的分离点为高屈服应力,见表4-4。

表4-4　样品三种屈服应力

物料浓度 /(wt%)	体积浓度	低屈服应力 (0.05 s^{-1})/Pa	宾汉姆回归应力 /Pa	高屈服应力 $(>10\text{s}^{-1})$/Pa
76	0.539	9.58	14.30	15.97
78	0.568	37.65	40.99	43.28
80	0.597	144.54	146.95	147.33
82	0.628	258.82	269.94	282.33

(2) CSR 结果分析

将转子插入指定位置之后,以不同的剪切速率(0.05 s^{-1},0.5 s^{-1},1 s^{-1})检测物料的流变参数,获得剪切应力-时间曲线,如图4-28所示。由图可知,剪切速率越低,所得曲线越平缓,能够清晰地反映浆体在屈服过程中的各个阶段。

对各组0.05 s^{-1}剪切速率下的应力-时间曲线进行分析,可同时得到其动态屈服应力和静态屈服应力,见表4-5。

表4-5　动态屈服应力与静态屈服应力

浓度 /(wt%)	体积浓度	$0.05(\text{s}^{-1})$		$0.5(\text{s}^{-1})$	$1(\text{s}^{-1})$
		$\tau_{y(d)}$	$\tau_{y(s)}$	曲线峰值	曲线峰值
76	0.539	32.06	21.27	14.92	15.56
78	0.568	46.71	32.58	46.90	40.11
80	0.597	171.12	135.85	324.52	296.70
82	0.628	341.10	249.43	714.35	589.65

当采用较高的剪切速率检测时,高浓度料浆和低浓度料浆的流变曲线表现出不同的形式。如图4-28(a)、图4-28(b)所示,0.5 s^{-1}和1 s^{-1}的峰值应力远高于0.05 s^{-1}的结果。这是由于转子以较快的速度运动时,不仅受到屈服应力的影响,而且受到物体黏性的影响,使得运动阻力增加,因此造成所检测

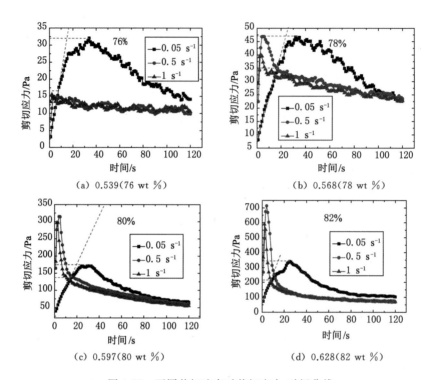

图 4-28　不同剪切速率时剪切应力-时间曲线

应力过大。如图 4-28(c)、图 4-28(d)所示，$0.5\ s^{-1}$ 和 $1\ s^{-1}$ 的峰值应力低于 $0.05\ s^{-1}$ 的结果，剪切速率越大，峰值越小。这是由于过大的剪切速率会造成浆体瞬间屈服，该过程的时间小于传感器获取数据的最小时间间隔，从而使得屈服过程无法观测，所得的数据为屈服后的应力值。

对于 $0.5\ s^{-1}$ 和 $1\ s^{-1}$ 所得数据，$1\ s^{-1}$ 时各浓度料浆的峰值应力均小于 $0.5\ s^{-1}$ 的检测结果，可知，当剪切速率超过一定临界值之后，剪切速率越大，剪切应力的峰值越低。

因此，在实际操作中，应尽可能地降低转子的剪切速率，以求获得较为稳定、平滑的应力变化曲线。

（3）塌落度结果分析

采用高度 10 cm、直径 5 cm 的圆柱形塌落度桶，对四种浓度的料浆进行塌落度测试。将圆柱提起后，物料静置 1 min 后检测其塌落度、未变形高度，结果见表 4-6。

表 4-6 塌落度测试结果

表 4-6 塌落度测试结果

浓度/(wt%)	体积浓度	塌落度 s/cm	未变形高度 h_0/cm	浆体密度/(t/m³)
76	0.539	9	0.3	1.992
78	0.568	8.2	0.4	2.045
80	0.597	5.6	2.1	2.101
82	0.628	3.1	4.3	2.161

将表 4-6 中的数据代入式(4-7)中,得到无量纲屈服应力;同时,将物料浓度、密度、高度等参数代入,计算出其实际对应的屈服应力,见表 4-7。

表 4-7 塌落度法屈服应力检测结果

浓度/(wt%)	体积浓度	无量纲未变形高度 h'_0	无量纲塌落度 s'	无量纲屈服应力 τ'_y	屈服应力/Pa
76	0.539	0.025	0.9	0.011	21.66
78	0.568	0.04	0.82	0.021	42.75
80	0.597	0.21	0.56	0.086	176.90
82	0.628	0.43	0.31	0.187	396.23

(4)四种结果对比分析

将上述三种方法所得四种应力进行综合分析,如图 4-29 所示。无论采用何种检测方法,各屈服应力均随浓度的增加呈指数形式增加。但是,不同的检测方法所得结果不同。

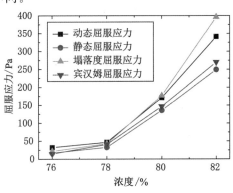

图 4-29 四种屈服应力比较

由图 4-29 可知,CSR 法所得动态屈服应力与塌落度法结果相近,可认为是浆体的动态屈服应力,即黏弹性阶段与黏性阶段的临界值;CSR 法所得静态屈服应力与 CSS 法回归宾汉屈服应力较接近,可认为是浆体的静态屈服应力,即弹性阶段与黏弹性阶段的临界值。同时,由图可知,动态屈服应力大于静态屈服应力,浆体浓度越高,两曲线分离越明显。

因此,对于多种方法的检测结果进行对比后认为,恒定剪切速率的 CSR 法检测结果较准确,且剪切速率越低,检测结果越准确。

4.3.2 全尾砂散体强度参数检测

4.3.2.1 全尾砂高浓度散体抗剪强度测试所需仪器

本测试所需仪器包括 SDJ-Ⅱ型三速电动等应变直剪仪(图 4-30)、天平、击实器、透水石、勺子、杯子、游标卡尺、加荷砝码等。

图 4-30　SDJ-Ⅱ型三速电动等应变直剪仪

4.3.2.2 数据分析原理

按式(4-12)计算直剪仪所测的剪切应力及剪切位移[162]:

$$\tau = CR$$
$$\Lambda l = \Lambda l'n - R \tag{4-12}$$

式中　τ——试样的剪应力,kPa;

　　　C——量力环率定系数,kPa/0.01 mm;

　　　R——量力环量表读数,0.01 mm;

　　　Λl——剪切位移,0.01 mm;

　　　$\Lambda l'$——手轮转一转的位移量,0.01 mm;

　　　n——手轮转数。

不同含水率试块直剪实验结果如图 4-31 所示。

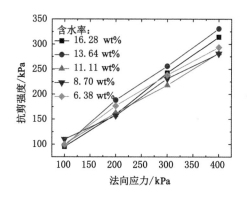

图 4-31　不同含水率试块直剪实验结果

如图 4-31 所示,试样的抗剪强度随法向应力的增加呈线性增加。根据莫尔-库仑准则,对以上数据进行线性拟合,得到的线性函数的截距即为内聚力,函数的斜率为内摩擦角。拟合结果见表 4-8,不同含水率试样的内摩擦角和内聚力值曲线如图 4-32 所示。

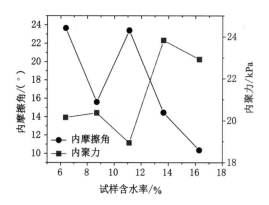

图 4-32　含水率-抗剪强度曲线

由图 4-33 可知,随着含水率的减小,即使是在不同的垂直压力条件下,试样的剪切强度表现为波动上升趋势,可划分为先上升、后下降、再上升三个阶段。试样在含水率为 14 wt％附近出现极大值,抗剪强度最大,此时的流动性能最差。

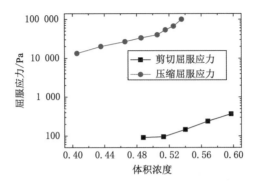

图 4-33　浆体屈服应力和压缩屈服应力关系

表 4-8　抗剪强度拟合结果

含水率/(wt%)	拟合方程	R^2	内摩擦角/(°)	内聚力/kPa
16.28	$y=0.422\,8x+10.35$	0.997 7	22.92	10.35
13.64	$y=0.441\,7x+14.45$	0.996 3	23.83	14.45
11.11	$y=0.343\,1x+23.4$	0.999 5	18.94	23.4
8.70	$y=0.371\,4x+15.6$	0.994 4	20.37	15.6
6.38	$y=0.367\,1x+23.65$	0.994 2	20.158	23.65

　　内聚力主要是由散体颗粒水膜之间的分子作用力等因素所组成的。在图 4-33 中,随着含水率的减小,内聚力先增大、继而下滑、最后上升。一般来说,随着含水率的减少,颗粒间的自由水减少,颗粒间的相互滑移也减少,表现出来的内聚力就越大。同时,在含水率 11 wt% 左右时,水的含量低于孔隙率,散体结构内部呈气液固三相混合状态,此时颗粒间形成一定厚度的水膜,气水界面产生较大的表面张力,造成内聚力高于其他状态。随着含水量的继续减少,这层水膜逐渐消失,表面张力减小,此时凝聚力又开始下降。最后,随着水分的进一步减少,颗粒间的自由水也越来越少,凝聚力又开始上升。

　　在深锥中,散体区中附着在锥部的尾砂所能达到的浓度最高,其上限为 90 wt% 左右,而越靠近刮泥耙的尾砂,其浓度越低,直到成为流体区。在此,针对会泽铅锌矿全尾砂,散体区尾砂所能达到的最高抗剪强度为为 23.4 kPa。

4.3.3　屈服应力与压缩屈服应力关系模型

　　将前述实验结果进行综合对比,绘制相同浓度下浆体剪切屈服应力和压缩屈服应力关系曲线,如图 4-33 所示。

由图 4-33 可知,浆体屈服应力为剪切应力,压缩屈服应力为压缩应力;浆体的压缩屈服应力、剪切屈服应力与浓度均呈指数关系。压缩屈服应力远大于剪切屈服应力。

因此,在相同条件下,剪切作用更易破坏絮团,是脱水的主要外部动力。在无耙的情况下,在浓密机内部仅有侧壁高度产生的重力压应力,而无侧向剪切应力,因此需要大大提高浓密机高度,形成深锥,以提供足够的压力破坏絮团。

产生上述现象的原因是颗粒群-液体散结构的物理力学特点决定的。根据吴爱祥等[162]的研究,散体结构的抗压强度大于其抗剪强度。其中,抗剪强度受多因素支配,包括颗粒间的摩擦、剪胀等,如图 4-34 所示。

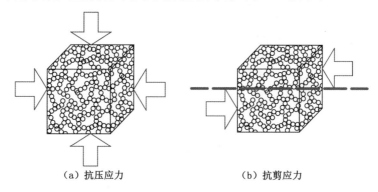

（a）抗压应力　　　　　　　　（b）抗剪应力

图 4-34　絮团网状结构受力分析

通过观察可知,浆体的压缩屈服应力、剪切屈服应力均随浓度的增加呈指数上升,即:

$$\tau_y(\varphi) = a_1 + b_1 \varphi^{c_1} \tag{4-13}$$

$$P_y(\varphi) = a_2 + b_2 \varphi^{c_2} \tag{4-14}$$

式(4-13)、式(4-14)中 $a_1, a_2, b_1, b_2, c_1, c_2$ 均为回归系数。

两式合并可得:

$$P_y(\varphi) = b_2 \left[\frac{\tau_y(\varphi) - a_1}{b_1} \right] \frac{c_2}{c_1} + a_2 \tag{4-15}$$

当 $c_1 = c_2$ 时,压缩屈服应力和剪切屈服应力呈线性相关的关系。

对实验数据进行回归分析,可得如下回归结果,如图 4-35 所示。

$$\tau_y(\varphi) = 41.83 + 3.16e - 6\varphi^{19.36} \tag{4-16}$$

$$P_y(\varphi) = 18\,885 + 5.5e11\varphi^{21.57} \tag{4-17}$$

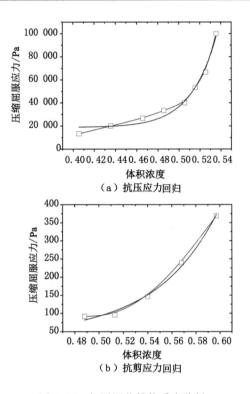

（a）抗压应力回归

（b）抗剪应力回归

图 4-35　絮团网状结构受力分析

将二式代入式（4-15）可得：

$$P_y(\varphi) = 18\,885 \cdot \left[\frac{\tau_y(\varphi) - 41.83}{3.16e - 6}\right] \cdot 1.114 \qquad (4\text{-}18)$$

由图 4-31～图 4-35 可知，首先基于导水通道定量分析结果，提出了剪切导水模型，分析了絮团网状结构抗压和抗剪强度参数关系，从力学的角度揭示了搅拌脱水机理。

4.4　本章小结

本章在絮团形貌学、分形原理等理论的指导下，利用显微成像技术对絮团细观结构和压缩区内导水通道分布规律进行研究，并分析了絮团网状结构的力学特性，从力学角度解释了剪切排水机理，得到以下结论：

（1）随着絮凝剂单耗的增加（10～30 g/t），絮团尺寸由 0.128 mm 增加至 0.444 mm，后降低至 0.326 mm。絮团结构的分形维数亦呈先增加后下降的趋势(由 2.652 增加至 2.715,后下降至 2.680),沉降速度与絮团的分形维数关系趋势相同。絮团结构的分形维数越大,代表絮团越密实,絮团内部的颗粒间距越小,床层内包含的絮团内部水和絮团之间水越少,絮团密度与液体密度之差越大,沉降速度越大。

(2)随着床层深度的减小,表征导水通道尺寸和联通程度的分维值呈下降趋势,深度越大,分维值越大。在床层上部导水通道的盒维数为 1.169,随着深度的增加,导水通道的盒维数增加至 1.586。

(3)理论和实验表明,浆体的压缩屈服应力与剪切屈服应力与浓度均呈指数关系。

絮团网状结构的压缩屈服应力远大于剪切屈服应力,因此剪切作用更易破坏絮团,是脱水的主要外力部动力,从而解释了搅拌脱水的力学机理。若无耙,则需要大大提高浓密机高度,形成深锥,以提供足够的压力破坏絮团。

(4)提出了基于絮团结构和导水通道演化的剪切排水模式假说,解释如下:

① 絮团内部压力、静水压力、重力形成平衡,水分和絮团的相对位置不变。

② 拉、压应力将絮团结构破坏,孔隙连通,絮团内部压力沿导水通道向上传递;

③ 应力的传递伴随着颗粒位移,在静水压力作用下水分受挤压上排;

④ 随着下部水分的减少,原位置被絮团所占据,絮团紧密接触,从而将导水通道阻断,形成新的力学平衡。

5　深锥浓密动态模型及数值计算

5.1　引言

　　沉降模型是针对固液分离实验现象,对运动过程进行力学分析,并从理论上归纳提升得到的浓密规律的数学表达。沉降模型一般通过对沉降速度的描述,建立固体通量的计算方法,从而为浓密机直径的设计提供依据。

　　沉降模型的研究集中在对间歇、静态、沉降过程的描述,而对于连续、动态、压缩过程的描述较少。间歇是指物料分批次进入容器进行沉降,且不进行排料;静态是指无振动、无搅拌状态;沉降是指在低浓度下颗粒群快速向下运动;连续是指物料连续进入容器沉降,并伴随排料过程;动态是指在静态基础上加入剪切搅拌作用;压缩是指颗粒相互接触后逐步密实排水的过程。

　　目前的研究一般通过研究静态间歇沉降过程来预测连续动态浓密过程的实际处理能力和底流浓度。该方法可以概括在沉降曲线图上,由水-悬浮液界面的斜率就可得出悬浮液的沉降速度,建立沉降沉积过程的运动学和动力学模型,计算单位面积的处理能力,从而反推每日处理一定干固体物料的量所需的浓密机面积。该方法存在两个较明显的问题:① 沉降速度值的选择不统一;② 仅适用于堆积床层不可压缩的情况。造成的结果是设计结果的随意性增加,且不适宜用于添加絮凝剂后可压缩的床层浓密情况。同时,未对连续状态进行描述。

　　连续动态模型是以连续进料、排料状态下的固液作用为研究对象,通过若干假设,建立理想连续深锥浓密机,将给料流量浓度、排料流量浓度、床层高度、浓密机尺寸等因素均考虑在内,以固体通量和底流浓度为输出结果的数学模型。这种模型更加符合现场工业实际,在浓密机的设计过程中,结果更加精确。连续模型至今研究得还很不充分,尽管早在 1954 年 Comings 等[163]就从动态角度研究了重力浓密的规律,并进行了大量的实验室连续实验,考查了与浓密机底流浓度有关的各种因素,但尚未达到定量的水平。澳大利亚墨尔本大学、奥大利亚联邦科学与工业研究组织、加拿大英属哥伦比亚大学等对连续状态下的浓密机理论模型进行了大量的研究,但对于浓密过程中固液两相的运移规律和力学关系研究有待进一步加强。

本章基于第 3 章中针对间歇沉降过程中的三大守恒方程(连续性方程、质量守恒方程、力学平衡方程),将底部通量为 0 进阶为 q(浓密机固体通量),建立基于压缩屈服应力、干涉沉降系数、浓密机尺寸的数学模型,模拟浓密机在两种运行状态下(沉降、压缩)固体通量及其变化规律,从而选择合适的 q 值,为浓密机直径的选择提供依据。

5.2 深锥浓密动态模型建立

5.2.1 模型的假设

一维深锥浓密连续性模型如图 5-1 所示,浓密机以一定的固体通量连续进料,同时以固定的固体通量连续排料,以浓密机底部为 0 点,垂直方向为纵坐标,向上为正。其中假设如下:

(1)模型为一维模型,通过引入形状因子,可将模型转化为二维模型;

(2)模型沉降为线性;

(3)模型未引入剪切作用;

(4)模型溢流中无固体颗粒;

(5)模型浓密机处在稳定状态运行。

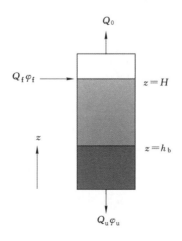

图 5-1 一维深锥浓密连续性模型

上述假设决定了本模型具有如下特点：

（1）只能计算垂直方向上的脱水，而水平流动被忽略，由此带来的结果是各向异性的可渗透性能变化并未考虑在内；

（2）沉降速度和渗透性能是固体体积浓度的函数，在同一高度上的所有颗粒以同一速度沉降，且颗粒粒度均一；

（3）浓密机中的剪切作用可以加速浓密作用进程，如耙子等，同理，所有使得固结速度降低的摩擦作用亦未考虑。

5.2.2　模型输入

（1）压缩屈服应力 $P_y(\varphi)$，拟合曲线；

（2）干涉沉降系数 $R(\varphi)$，拟合曲线；

（3）浓密机尺寸，作为浓密机高度的函数的浓密机直径 $d(z)$；

（4）给料固体浓度 φ_0；

（5）固体和液体密度 ρ_{sol} 和 ρ_{liq}。

5.2.3　自由沉降

Coe-Clevenger（科-克来文杰）认为，在下部料浆无机械支撑的情况下，沉降速度是固体浓度的函数，并称为自由沉降。实际上对于不具备压缩屈服应力的料浆[55]，自由沉降速度 $u_{fs}(\varphi)$ 可以作为浓度的函数预测出来：

$$u_{fs}(\varphi) = \frac{\Delta\rho g\ (1-\varphi)^2}{R(\varphi)} \tag{5-1}$$

式中　$\Delta\rho = \rho_{sol} - \rho_{liq}$——固液密度差，$t/m^3$；

　　　g——重力加速度，m/s^2。

传统的 Coe-Clevenger 方法认为沉降速度可用来计算物料质量平衡，在任何固体浓度 $\varphi(\varphi < \varphi_g$ 时）和给定的底流浓度 φ_u 条件下，确定稳态浓密机固体通量 q：

$$q = \frac{u_{fs}(\varphi)}{1/\varphi - 1/\varphi_u} \tag{5-2}$$

将式（5-1）代入式（5-2）中，得：

$$q = \frac{\Delta\rho g\ (1-\varphi)^2}{R(\varphi)} \cdot \frac{1}{1/\varphi - 1/\varphi_u} \tag{5-3}$$

式（5-3）中，φ_u 为输入值，取值范围为 $0.18\sim0.57$，浓度范围涵盖凝胶浓度至最大底流浓度。

可以利用一个形状因子[$\alpha(z)$]将一维数学模型转化为二维模型。对于底部为锥形的圆筒型浓密机，如图 5-2 所示，其形状因子 $\alpha(z)$ 为：

$$a(z) = \left[\frac{d(z)}{d_{\max}}\right]^2 \tag{5-4}$$

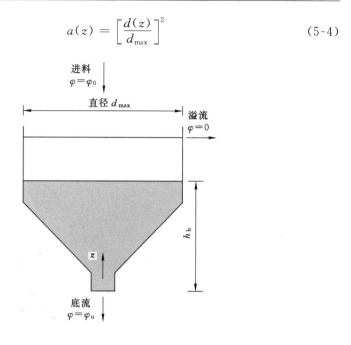

图 5-2 二维浓密模型

该因子表示了随不同高度 z 变化的截面积。$a(z)$ 的含义为当浓密机半径 $d(z)$ 达到最大值 $d_{\max}$ 时，$a=1$，同时，沉降面积也最大。对于给定的稳态固体通量 q 和底流浓度 φ_u，二维微分方程 $\mathrm{d}\varphi(z)/\mathrm{d}z$ 描述了固体浓度在不同高度上的变化。当容器直径发生变化时，需要加入形状因子，此时固体通量的二维计算公式变为：

$$\frac{q}{a(z)} = \frac{\Delta\rho g \, (1-\varphi)^2}{R(\varphi)} \cdot \frac{1}{1/\varphi - 1/\varphi_u} \tag{5-5}$$

对于给定的底流浓度 φ_u 和床层高度 h_b，自由沉降条件下浓密机最大处理能力 $q\varphi_s$ 等于最小固体通量 q 可通过 φ_0 至 φ_u 范围内的所有浓度的质量平衡计算出来。

5.2.4 床层压缩

通过自由沉降方法预测的底流浓度较低，这是由于悬浮液的可浓密性能限制了底流浓度的提升。传统的预测方法假设床层具有恒定的固体浓度且不可压缩。但当物料在一定浓度范围内具有压缩屈服应力时，这种假设具有明显的缺陷。

本书中所用的是由基础脱水性能理论发展起来的偏微分方程：在连续运行状态，固体和液体的质量平衡方程的物理意义在于，固体通量和流体通量之差等于浓密机处理能力，其数学方程如下：

$$\varphi u + (1 - \varphi) v = \frac{q_u}{\varphi_u} \tag{5-6}$$

式中　q_u——底流固体通量，$m^3/(h \cdot m^2)$；

　　　φ_u——底流固体体积浓度或体积分数；

　　　q——浓密机沉降固体通量：

$$q = - \varphi u \tag{5-7}$$

固液逆向运动相对速度$(u-v)$可由式(5-6)和式(5-7)计算出来，如：

$$(u - v) = \frac{1}{(1 - \varphi)} \left(\frac{q}{\varphi} - \frac{q_u}{\varphi_u} \right) \tag{5-8}$$

将式(5-8)代入式(5-4)中并做相应变换，得到下式：

$$\frac{\partial P_y(\varphi)}{\partial z} = \frac{R(\varphi)}{(1 - \varphi)^2} \left(q - q_u \frac{\varphi}{\varphi_u} \right) - \Delta \rho g \varphi \tag{5-9}$$

由式(5-9)进行推导，得到浓度在高度方向上的微分方程：

$$\frac{\partial \varphi}{\partial z} = \frac{\dfrac{R(\varphi)}{(1 - \varphi)^2} \left(q - q_u \dfrac{\varphi_0}{\varphi_u} \right) - \Delta \rho g \varphi}{\dfrac{dP_y(\varphi)}{d\varphi}} \tag{5-10}$$

当其与固体连续性方程结合起来时有：

$$\frac{\partial q}{\partial z} = \frac{\partial \varphi}{\partial t} \tag{5-11}$$

在稳定状态下固体通量与流体通量相等，因此可将式(5-9)进行简化，

$$\frac{\partial \varphi}{\partial z} = \frac{\dfrac{R(\varphi)}{(1 - \varphi)^2} q_u \left(1 - \dfrac{\varphi}{\varphi_u} \right) - \Delta \rho g \varphi}{\dfrac{dP_y(\varphi)}{d\varphi}} \tag{5-12}$$

同时，当浓密机底流通量为 0 时，即浓密机底部不排料，浓密机的运行变为仅有沉降状态，则式(5-10)可以变为：

$$\frac{\partial \varphi}{\partial z} = \frac{\dfrac{R(\varphi)}{(1 - \varphi)^2} q - \Delta \rho g \varphi}{\dfrac{dP_y(\varphi)}{d\varphi}} \tag{5-13}$$

在此基础上，加入形状因子以后，得到两种情况下的二维模型。

(1) 排料时：

$$\frac{\partial \varphi}{\partial z} = \frac{\dfrac{R(\varphi)}{(1-\varphi)^2} \cdot \dfrac{1}{a(z)}\left(q - q_{\mathrm{u}} \dfrac{\varphi}{\varphi_{\mathrm{u}}}\right) - \Delta \rho g \varphi}{\dfrac{\mathrm{d}P_{\mathrm{y}}(\varphi)}{\mathrm{d}\varphi}} \tag{5-14}$$

（2）不排料时（$q_{\mathrm{u}} = 0$）：

$$\frac{\partial \varphi}{\partial z} = \frac{\dfrac{R(\varphi)}{(1-\varphi)^2} \cdot \dfrac{q}{a(z)} - \Delta \rho g \varphi}{\dfrac{dP_{\mathrm{y}}(\varphi)}{d\varphi}} \tag{5-15}$$

在稳定状态下,床层顶部（$z = h_{\mathrm{b}}$）的固体浓度与凝胶浓度 φ_{g} 相等,在浓密机底部 $z = 0$ 时,$\varphi = \varphi_{\mathrm{u}}$。为了确定固体通量 q,需要确定：

（1）稳定状态下的床层高度 h_{b}；

（2）底流浓度 φ_{u}；

微分方程综合了从床层底部到床层顶部 $z = 0 - h_{\mathrm{b}}$ 的边界条件：

$$\varphi(0) = \varphi_{\mathrm{u}} \tag{5-16}$$

对于初始的 q,固体通量必须通过迭代使得床层顶部浓度与凝胶浓度相等,即：

$$\varphi(h_{\mathrm{b}}) = \varphi_{\mathrm{g}} \tag{5-17}$$

5.2.5 参数模拟及迭代过程

稳态连续浓密模型认为,固体处理量是底流浓度和床层高度的函数,即 $q = f(\varphi_{\mathrm{u}}, h_{\mathrm{b}})$；

对于处理量的预测需要两个方面的数据：

第一部分为自由沉降（一般称为澄清）；

第二部分为床层压缩（浓密）；

自由沉降和压缩的预测组合起来,用来预测稳态固体通量,进而计算各底流浓度所需要最小固体通量。

需要注意的是,在公式中,固体通量 q 是指单位时间内通过单位面积的固体质量[$\mathrm{t^3/(h \cdot m^2)}$]。横截面积是指床层顶部高度处浓密机的面积,此时床层高度为 $z = h_{\mathrm{b}}$,该处固体浓度为凝胶浓度 $\varphi = \varphi_{\mathrm{g}}$。

5.2.6 模型输出

利用 Matlab 软件进行计算机数值计算,基于模型的参数输入,在一定底流浓度和床层高度下,计算浓密机的固体通量。

在低固体通量下,床层达到较高的高度,从而影响底流浓度。在本区域内,固体颗粒的停留时间较长,床层能够压缩排水,网状结构传递的上部床层压力是造成床层压缩排水的主要作用力。

当固体通量为 0 时(即不排料时),浆体进入封闭压缩排水阶段,底流浓度只受床层高度的影响。

5.3 深锥浓密过程数值计算

5.3.1 模型输入

(1) 压缩屈服应力 $P_y(\varphi)$,拟合方程。

将第 3 章实验结果代入模型:

$$P_y(\varphi) = \left(1 - \left(\frac{0.186}{\varphi}\right)2.45 \times 10 - 5\right)e^{(21.12+184.53\varphi^{7.13})} \tag{5-18}$$

式(5-18)中:当 $\varphi \leqslant \varphi_g$ 时,$P_y(\varphi)=0$。

(2) 干涉沉降系数 $R(\varphi)$,拟合方程。

$$R(\varphi) = 4.87e^{11} + 3.22e^{19}\varphi^{16.88} \tag{5-19}$$

(3) 浓密机尺寸,作为浓密机高度的函数的浓密机直径 $d(z)$。

该浓密机高度与直径的关系函数如下:

$$d(z) = \begin{cases} 0.2 & z \leqslant 0.2 \\ 2(z-0.1) & 0.2 < z \leqslant 0.788 \\ 1.375 & z > 0.788 \end{cases} \tag{5-20}$$

式(5-18)中,浓密机形状参数 $a(z)$ 为:

$$a(z) = \left[\frac{d(z)}{d_{max}}\right]^2 \tag{5-21}$$

将上述结果代入式(5-19)中:

$$a(z) = \begin{cases} 1.116 & z \leqslant 0.2 \\ (2(z-0.1)/1.375)^2 & 0.2 < z \leqslant 0.788 \\ 1 & z > 0.788 \end{cases} \tag{5-22}$$

(4) 给料固体浓度 φ_0。

给料浓度为 0.03~0.04,重量浓度为(10~15) wt%。

(5) 固体和液体密度,ρ_{sol} and ρ_{liq}。

全尾砂固体密度为 2.9 t/m³,水的密度取 1 t/m³。

5.3.2 模拟方法

利用 Matlab 编程进行迭代。编码如下:

function Test3(hb)

```
syms fai;
R=4.87e11+3.22e19 * fai^16.88;
deltarou=1.7;
g=9.8;

syms faiu alpha1 q;
P=(1-(0.186/fai)^(2.45 * 10^-5)) * 2.72^(21.12+184.53 * fai^7.13);

D=diff(P,fai);
Fe=(R/(1-fai)^2) * (q/alpha1) * (1-fai/faiu)-deltarou * g * fai;

F1=Fe/D;

faig=0.186;
alphax=1.116;
F0=subs(F1,[fai,alpha1],[faiu,alphax]);
        if (hb <= 0.2)
                alphax=1.116;
        else if (hb > 0.2 && hb <= 0.788)
                alphax=(2 * (hb-0.1)/1.375)^2;
            else
                alphax=1;
                end
        end
Fh=subs(F1,[fai,alpha1],[faig,alphax]);

F=F0-Fh
aa=[];
bb=[];
for i=0.01:0.01:0.4
    Fu=subs(F,faiu,i);
    q1=double(solve([char(Fu),'=0'],'q'));
    aa=[aa,i];
```

```
bb=[bb,q1];
end
semilogy(aa,bb);
end
```

5.3.3 模拟结果与分析

由图 5-3 所得的动态沉降法预测结果可知,在体积浓度 0.1～0.7 的范围内,固体通量范围为 0.011～0.88 t/(h·m²)。且随着浓度的上升,固体通量迅速降低,这是由于高浓度条件下固体沉降速度非常低。由于理论基础均为静态沉降速度,因此该结果与传统静态浓密模型预测趋势相同。

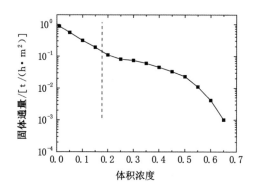

图 5-3 基于沉降速度的固体通量预测结果

由图 5-4 可知,动态压缩法的固体通量与底流浓度、床层高度呈多元关系:

(1)浓密机最大固体通量为 0.61 t/(h·m²),发生在给料浓度处;该处浓度最低,颗粒沉降速度最大,固体通量也最大。

(2)物料浓度增加时,颗粒沉降速度逐步减小,固体通量进一步降低;在低于凝胶浓度区域,不同的床层高度具有相同的固体通量,这是由于颗粒尚未进入压缩阶段。

(3)当浓度大于凝胶浓度后,由于床层高度不同,浓密机底部产生不同的压缩应力,从而造成浓度-固体通量曲线的分离;床层高度越大,达到的底流浓度越高。

(4)在给料流量和床层高度相同时,排料固体通量越大,底流浓度越小,如图 5-4 所示。

计算结果表明,动态沉降法的固体通量预测结果大于动态压缩法。在沉

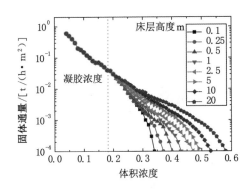

图 5-4　基于压缩的固体通量预测结果

降理论的指导下,在相同的固体通量下,浓密机能够达到的底流浓度较高,如图 5-3 所示;动态压缩法的预测值底流浓度略低,固体通量也较小,如图 5-4 所示。

5.4　本章小结

本章建立了基于床层压缩过程的深锥浓密动态模型,优化了固体通量的选择与计算方法,完善了浓密机的设计基础。

(1) 利用动态浓密模型能够预测连续状态下的浓密机固体通量,及达到一定底流浓度所需要的床层高度;同时,利用浓密机形状因子,将一维数学模型拓展至二维,即考虑了浓密机直径变化对于固体通量的影响。

(2) 动态沉降法预测结果表明:在体积浓度 0.1～0.7 的范围内,固体通量范围为 0.011～0.88 t/(h·m²),且随着浓度的上升,固体通量迅速降低,这是由于高浓度条件下固体沉降速度非常低。由于理论基础均为静态沉降速度,因此该结果与传统静态浓密模型预测趋势相同。

(3) 动态压缩法的预测结果表明:底流浓度越大,固体通量越小;床层高度越大,达到的底流浓度越高。当浓度大于凝胶浓度后,床层高度的不同造成浓度-固体通量曲线的分离;浓密机最大固体通量为 0.61 t/(h·m²);动态沉降法的固体通量预测结果大于动态压缩法。

6 全尾砂深锥浓密机理研究工业验证

由于全尾砂膏体充填技术在环保、安全、经济方面的突出优势,越来越受到矿山企业和中央政府的青睐,因此正在我国蓬勃地发展。膏体充填系统是涉及浓密脱水、混合制浆、管道泵送等多工艺、多领域的大型工业系统,每个子系统均包含一个核心装备。其中,全尾砂的浓密脱水装备主要是能够产出高浓度甚至膏体的重力浓密机,而深锥浓密机是目前技术最先进、底流浓度最高的设备。深锥浓密机的设计与应用成功与否,成为了整个膏体充填系统设计和运行的关键。

浓密机设计的核心内容在于两个关键参数的确定:设备直径和搅拌扭矩。

浓密机直径受处理能力、全尾砂沉降浓密性能等参数的影响,而浓密机直径是由固体通量直接计算出来的,因此,固体通量的正确选择是浓密机合理直径设计的关键。浓密机直径选择过小,会造成处理能力、底流浓度不达标;浓密机直径选择过大,会造成过度投资。

搅拌扭矩是深锥浓密机的另外一个重要参数。由前述分析可知,深锥浓密机与传统浓密机不同的关键就在于床层高度大、导水杆数量多。这两点的优势在于易于获得高浓度的底流。同时,带来的不利表现就是搅拌耙架扭矩过大,甚至会出现驱动过载停机的事故(压耙)。由于深锥内部高浓度物料较多,流动性差,一旦停机,必须将机体内部物料清空,才能将耙架重新启动运行。压耙事故处理周期长、费用高、污染大,对于矿山的正常生产运营带来极其不利的影响。因此,浓密机驱动扭矩的计算准确度,对于实际运行效果是至关重要的。

本章在第 2 章至第 5 章研究的基础上,对浓密机扭矩和浓密机直径两大关键参数的选择和计算进行研究,并利用现场工业浓密机实际工况进行验证,将研究工作应用到实际中来。

6.1　会泽膏体充填系统与深锥浓密工艺

6.1.1　膏体充填系统

云南驰宏锌锗股份有限公司会泽铅锌矿的尾砂为氧化矿、硫化矿选矿后的泥状混合矿尾砂,粒级组成很细。如果采用分级尾砂充填,需要用旋流器分级,把大量的细粒级尾砂分离出来送入尾矿库。而矿山现有尾矿库容量有限,不能容纳矿山扩建后的尾砂,因此必须考虑将尾砂尽可能用于井下充填。此外还有大量玻璃状的水淬渣废料,矿山也希望尽量利用这些废料进行充填,实现环保效益。

因此,该矿于 2005 年设计建设了一套全尾砂-水淬渣膏体充填系统,利用地表废弃物充填井下采空区,既解决了地表尾矿库的安全、环保、经济问题,又提高了井下高品位矿石回采过程中的贫损指标和作业安全性,是目前我国应用成功的膏体充填系统的典型代表。

(1)充填物料的物理性质和化学成分

充填物料的物理性质主要是指密度、容重,见表 6-1。水淬渣的比重比全尾砂小,而粒级组成比全尾砂大,水淬渣可悬浮在膏体中,能够改善膏体的流动性,提高充填体强度。

表 6-1　充填物料物理性质

项目	全尾砂	水淬渣	水泥
密度/(t/m³)	2.9	2.59	3.05
容重/(t/m³)	1.63	1.18	1.10

全尾砂及水淬渣的化学成分见表 6-2。全尾砂含硅量较少,而氧化钙/氧化镁的含量较高,对于膏体的凝结性能有一定的不利影响。

表 6-2　全尾砂及水淬渣的化学成分

项目	Fe_2O_3	SiO_2	Al_2O_3	CaO	MgO	S	烧失量
全尾砂/%	2.79	4.55	1.04	44.05	5.02	0.60	38.59
水淬渣/%	34.84	33.14	7.15	15.26	3.98	0.21	—

（2）混合矿尾砂-水淬渣膏体配制方法

由于会泽全尾砂和水淬渣均为凝固性较差的材料，很难用来充填井下采空区。根据混合矿尾砂和水淬渣的物理和化学特性，研究人员经长期试验研究，寻找出一种凝固性好、经济可靠的膏体配方。

该方法主要是通过提高充填浓度，消除全尾砂与水淬渣的负面影响。该方法的具体应用工艺为：

① 分别取全尾砂、水淬渣，全尾砂浓缩后体积浓度为 0.513～0.540[（74～76)wt％]，储存在浓密机内备用；水淬渣储存在渣仓内备用。

② 按下述质量配比制充填料浆，水泥：水淬渣：混合矿尾砂＝1：（1～3)：（3～9)，加水后搅拌制备砂浆。

③ 在搅拌槽内，将充填料浆充分搅拌均匀，体积浓度为 0.568～0.628％(78％～82％)，膏体状，塌落度 20～26 cm，泌水率 0.5％～4.0％。

④ 将制备合格的的膏体注入输送泵内，通过管道泵送系统输送至井下采空区进行充填工作。

在实际操作上，根据采矿方法对充填体强度的要求，形成了三种配比：

① 当灰砂比为 1：4、水淬渣与全尾砂的重量配比为 25％：75％、砂浆体积浓度为 0.597（80 wt％)时，膏体塌落度为 23.5 cm，分层度为 0.55 cm，泌水率为 1.5％，7 天抗压强度为 0.12 MPa，14 天抗压强度为 6.2 MPa，28 天抗压强度为 10.9 MPa；

② 当灰砂比为 1：8、水淬渣与全尾砂的配比为 25％：75％、砂浆浓度为 0.597（80 wt％)时，测得塌落度为 26.0 cm，分层度为 0.25 cm，泌水率为 3.62％，7 天抗压强度为 0.14 MPa，14 天抗压强度为 0.27 MPa，28 天抗压强度为 3.24 MPa；

③ 当灰砂比为 1：12、水淬渣与全尾砂的配比为 25％：75％、砂浆浓度为 0.597（80 wt％)，测得塌落度为 26.3 cm，分层度为 0.2 cm，泌水率为 3.4％，7 天抗压强度为 0.14 MPa，28 天抗压强度为 1.63 MPa。

通过配制体积浓度高达 0.568～0.643[（78～83)wt％]的膏体，膏体凝固时不脱水，减少了对井下环境的污染。膏体凝固后，充填体强度高，可满足井下采矿作业的要求。全尾砂膏体充填工艺简单，浓度稳定，在管道内停留24 h以后仍具有较好的流动性能，使得堵管的可能性大大减小。全尾砂-水淬渣膏体流动性好，易于输送，输送距离可长达 3 000 m 以上。该配制方法可将废弃的混合矿尾砂、水淬渣全部用于井下充填，解决了选矿、冶炼工业废渣对环境的污染问题，实现工业废弃物的资源化利用。

（3）充填能力及膏体配比设计优化

① 矿山生产规模

会泽铅锌矿现开采的矿体主要有 1 号矿体、8 号矿体和 10 号矿体，采用上向进路胶结充填法，采充比为 1∶1。其各矿体生产规模、采空区见表 6-3。

表 6-3　各矿体生产规模

指标名称	生产规模/(t/d)	采空区/(m³/d)
1 号	500	136
8 号	1 000	252
10 号	500	133
合计	2 000	521

充填体强度在我国行业性规范《有色金属矿山生产技术规程》《有色金属采矿设计规范》中都有明确规定，上向进路一步骤回采进路采用胶结充填，其强度在开采相邻进路时，充填体能保持自立和承受爆破震动不塌落，要求其强度为 1 MPa。为满足采矿设备正常作业，减少矿石的损失，充填体上部充填厚 0.5 m、强度不小于 3 MPa 的充填体。

② 充填能力

采矿和充填之间的平衡经常由于各种原因被打破，有时没有充填采场而浓密机内已满；有时许多采场都要充填，但浓密机已空，因此充填系统的制备能力应大于采矿能力，一般为 2 倍。经计算，当采矿规模为 2 000 t/d 时，每日平均产生的采空区 521 m³，每小时约 22 m³。根据矿机专业设备选型，充填系统能力为 50 m³/h，每日工作 10 h，充填能力即可接近 521 m³。

③ 膏体物料配比优化设计

膏体物料配比优化设计从物料处理量和充填体强度两方面综合考虑。

会泽铅锌矿全尾砂产率为 29%，产出量为 580 t/d；水淬渣产出量约为 102 t/d。

从膏体配制实例中可以看出，砂浆浓度 80 wt%（密度 2.076 t/m³），灰砂比 1∶8 的充填体可以达到强度要求。为了充分利用全尾砂和水淬渣，设计充填体积浓度 0.597（80 wt%），全尾砂∶水淬渣∶水泥为 7∶1∶1，由此计算出的 1 m³ 砂浆的物料需求量见表 6-4。

表 6-4 单位体积砂浆物料需求量

物料	全尾砂	水淬渣	水泥	总计
需求量/(t/d)	1.291	0.185	0.185	1.661

每天物料需求量见表 6-5。

表 6-5 每天砂浆物料需求量

物料	全尾砂	水淬渣	水泥
需求量/(t/d)	672	96	96

从表 6-5 可以看出,水淬渣产出量刚好满足需求量;而尾砂产出量却低于需求量,需要将尾矿库的尾砂用于充填,其流量约为 60 m³/h。

(4) 膏体充填工艺

膏体充填制备站位于 1 号井口附近,选矿厂产出的尾砂泵送至充填制备站顶层的连续搅拌桶中进行持续搅拌,水淬渣用卡车运送至膏体充填站上部的水淬渣仓,水泥用散装水泥车运到膏体充填站旁边的散装水泥仓。先用 $\phi11$ m 深锥浓密机对尾砂浆进行脱水浓缩,底流浓度达到 0.513～0.539[(74～76)wt%]。充填时深锥浓密机放砂,将浓缩后的砂浆泵送至双轴叶片搅拌机(ATD-600)和双轴螺旋搅拌输送机(ATD-700)中,与水泥、水淬渣混合搅拌。将制备合格的膏体充填料喂入双缸活塞泵中,经过 1 号钻孔和井下充填管道输送到相关采场进行充填。整个膏体充填系统可以概括为一个核心、三大系统以及一大特色。

一个核心是指深锥浓密机。整个膏体充填工艺中,深锥浓密机是最为关键也最难控制的设备。它从国外引进,第一次在国内使用该设备并且应用成功,其技术水平国内一流,国际领先。

三大系统包括尾砂浆脱水浓缩系统、膏体搅拌制备系统、膏体输送系统。从尾砂浆的脱水浓缩后与骨料、胶凝剂的混合搅拌,然后输送至井下采场,三大系统包含了地表膏体制备及输送的所有设备,囊括了全部工艺流程。

一大特色是指 DCS 集散控制系统。膏体充填料制备的所有设备操作全部采用计算机远程控制,通过在计算机系统上设置参数就可以控制设备的开关和运行状态,从而控制整个工艺流程。

膏体充填工艺流程如图 6-1 所示。

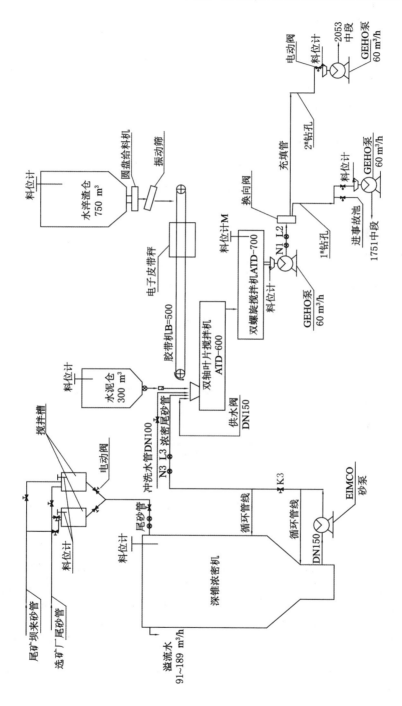

图6-1 膏体充填工艺流程

6.1.2 深锥浓密机介绍

深锥浓密机是矿山膏体充填工艺中常用的重力固液分离设备,使全尾砂浆分离成上部溢流澄清液和底部高浓度浓缩矿浆。在重力作用下,尾矿向下沉降,而清水向上运动,从而实现液固分离。在浓缩过程中不仅较粗粒级容易沉降,而且细粒级尾矿可通过絮凝沉降达到较好的沉降速度和沉降浓度。因此,深锥浓密机主要通过重力沉降与絮凝沉降达到深度浓缩的目的。为了提高深锥浓密效率,保证深锥的平稳运行,有必要进行深锥浓密机理研究。

(1) 深锥浓密机结构和运行参数

深锥浓密机是尾砂浆脱水浓缩的核心设备,由深锥主机和絮凝剂添加系统组成,如图 6-2 所示。深锥主机包括锥筒形机体、搅拌刮泥系统、底流循环系统和溢流系统。

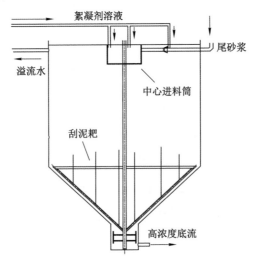

图 6-2　深锥浓密机结构

① 机体

深锥浓密机的机体是一个锥形筒(锥角为 $45°$),约 16 m 高,直径为 11 m,直侧壁的高度大约为 9.5 m。机体最大侧壁负荷能够承受机体内全部充满平均密度为 1.94 g/cm³ 的全尾砂浆产生的压力。深锥浓密机机体参数见表 6-6。

与普通耙式浓密机相比,深锥浓密机不仅具有较大的垂直高度,而且具有较大高径比,高达1.45。特殊的结构为提高脱水效果、获得高浓度的底流奠定了基础。

表 6-6　深锥浓密机机体参数表

参数名称	参数大小	参数名称	参数大小
直径	11.0 m	锥角	45°
总高度	16.0 m	有效容积	1 110 m³
侧面高度	9.5 m	平均砂浆高度	10.5 m
锥高度	6.5 m	平均砂浆量	560 m³

② 集料筒

在机体的下部安装有一个直径 2 m、高 2 m 的圆筒形集料筒。深锥的底流在集料筒处放出。此处安装有底流循环管路(直径为 200 mm)、维修孔(直径 914 mm)、泥层压力传感器接口(直径 50 mm)和固定耙子的底部支撑轴承。筒底配有一个排出孔,在紧急情况下或进行清洁时将深锥浓密机排空。

③ 搅拌刮泥系统

深锥浓密机的耙式系统包含耙架内部构件和外部构件,内部构件由水平支架、导水杆、刮泥耙、限位轴承组成,外部构件由耙子传动机构和监测仪器组成,如图 6-3 所示。

（1）搅拌刮泥耙　　　　　　　　　（2）耙子传动机构

图 6-3　深锥浓密机搅拌刮泥系统

耙子传动机构安装在深锥浓密机的顶部,在 0.176 r/min 的速度下恒定转动,最大工作扭矩为 650 200 N·m。在传动机构的带动下,耙架的最大线速度为 0.101 6 m/s。传动机构还配有两个电动机,由行星齿轮驱动主齿轮。传动装置可以在额定转速的 10%～100% 内进行变速。传动机构配有扭矩指示器,显示传动机构的扭矩值的大小。正常工作范围是扭矩额定值的 20%～40%,报警值设为 60%,耙子过载停机值设为额定值的 80%。

耙子由立轴、水平支撑支架、刮泥耙和沿着水平支撑横梁（水平支架）等间距分布的一系列导水杆组成。在锥体侧壁的耙臂上安装一套刮泥耙。耙子立轴底端插入集料筒基座上的限位轴承内，其作用是防止立轴在铅垂方向摆动幅度过大。

导水杆在旋转过程中形成向上的导水通道，使床层内部的水分排出，从而加速排水过程。刮泥耙斜倾向下，在旋转时促使全尾砂浆向深锥底部的集流筒运动。另外，刮泥耙向下压密全尾砂浆，有利于进一步提高底流浓度。

④ 给料系统

选矿厂尾砂浆和尾矿库尾矿浆泵入搅拌筒中进行均质化搅拌混合，然后经管道泵送至深锥浓密机给料井。进料管连接直径为 250 mm 的 E-Duc 混料稀释装置，切向伸入导流筒中。导流筒直径 2.5 m，高度 1.5 m，其中 1.35 m 浸没于液体之中。导流筒的作用是使絮凝剂与矿浆充分混合，促进絮凝团的形成。E-Duc 管能使矿浆浓度从 $0.075\sim0.121$[$(18\sim27)$wt%]稀释到 0.04（10 wt%），以利于絮凝作用的进行。

⑤ 底流循环系统

底流循环系统包括两个变速离心泵（一备一用）、循环管和出料管、阀门、流量计、浓度计及控制仪器，如图 6-4 所示。

图 6-4　深锥浓密机底流循环系统

从集料筒中出来的高浓度砂浆再返回到浓密机内进行循环，以提高砂浆的均匀性与流动性，且有助于深锥顺利排料。再循环系统分为高循环和低循环，砂浆从集料筒底部抽出后，打入集料筒顶部的称为低循环，打入锥体上方约 1 m 高处的称为高循环。

深锥浓密机可以将全尾砂浆脱水浓密,脱水浓度可达到流动性极限,因此底流浓度的控制是最重要的。在这些控制条件下,底流浓度会出现很大的波动,底流泵系统必须能够适应较大范围内的浓度波动。底流循环管路的尺寸为 300 mm,全尾砂浆的流速为 2～3 m/s,堵管时,用高压水冲洗管道。

(2)絮凝剂溶液制备与添加系统

絮凝剂溶液制备与添加系统的作用有四个,包括:① 制备均匀的絮凝剂溶液;② 控制絮凝剂溶液给料速度;③ 控制溢流的固体含量,保证溢流清澈;④ 通过多点添加,将全部絮凝剂合理地分散于尾砂浆中。

① 絮凝剂溶液制备系统

絮凝剂溶液制备浓度设定为 0.5%(5 g/L)。絮凝剂干粉储存于给料斗,当进水电磁阀开启时,恒压水进入喷射分散设备中,同时螺旋式定体积给料器将絮凝剂干粉从给料斗中计量吸入分散设备。该分散设备能保证絮凝剂颗粒均润湿,从而充分溶解。从分散装置中排出进入到一个三隔离槽的混合/老化/给料槽中。每个隔离槽相互分离,可以最大限度地避免搅拌出现短路。在深锥浓密机的最大设计流速及最大絮凝体单耗下,在三个隔离槽中的停留时间最少应为 5 h。絮凝剂制备添加系统外形见图 6-5。

图 6-5　絮凝剂制备添加系统外形

② 絮凝剂添加系统

絮凝剂添加系统由絮凝剂添加泵、絮凝剂添加管路、絮凝剂添加点和絮凝剂检测仪器组成。以室内实验结果为基础进行絮凝剂单耗设计,添加范围为

20~60 g/t 之间，从而适应尾砂进料流量的波动。絮凝剂泵是柱塞式计量泵，将絮凝剂从絮凝剂槽中泵出，利用变速控制器控制泵速。

絮凝剂管路与稀释水管道连接，将絮凝剂溶液稀释，水与絮凝剂的比为 20：1，目的是使进入深锥的溶液浓度保持在 0.2~0.25 g/L 之间。稀释水压力应保持在 345~690 kPa 范围之内。

絮凝剂添加点有三个：E-Duc 入口外、E-Duc 出口处、给料井内部。絮凝剂添加泵出口处设有流量计，以确保添加量符合要求。对絮凝剂单耗的控制主要是通过调整絮凝剂添加泵的速度来实现。絮凝剂的流速、絮凝剂单耗、絮凝剂浓度、稀释水和絮凝剂槽液面高度的测量都在现场进行。

6.2 固体通量计算结果对比与深锥浓密机直径验算

浓密机的工艺性能取决于被处理的固体物料的物理化学性能。浓密机设计选型可以通过现有浓密机的运行参数、经验数据、小型连续沉降实验及间歇沉降实验来进行。最实用、最经济的方法是间歇沉降实验，但需要沉降理论对实验数据进行处理，得到不同底流浓度时的固体通量，对浓密机进行选型。近几十年来，沉降浓密理论有了快速发展，浓密机选型设计理论日趋完善。目前，浓密机设计理论主要分三种类型：① 基于物料微平衡的设计理论，主要为 Coe-Clevenger(C-C)法；② 基于运动学沉降过程的设计理论，主要包括 Kynch(凯奇)法、Oltman(耳特曼)法、T-F 法；③ 基于动力沉降过程的设计理论，包括絮凝悬浮液理想连续浓密过程模型和 Adorjan(阿多詹)法。在这些方法中，T-F 法和 C-C 法得到了较为广泛的应用，全世界各个浓密机制造商大部分采用上述两种理论。利用沉降柱进行实验，实验数据经过上述模型的处理后得到 UA(Unit Area：单位时间内处理单位重量的固体所需要的沉降面积)，根据总的固体处理量可得到总的沉降面积，从而计算浓密机的直径。本书对上述两种方法和本研究所建的动态法进行对比分析，并以会泽深锥浓密机参数为基础进行验算，为浓密机的选型设计提供科学依据。

6.2.1 C-C 法

（1）理论基础

C-C 模型认为，当浓密机的进出料处于稳态且溢流不含固体时应有：

固体流量：

$$\varphi_u Q_u = \varphi_f Q_f = \varphi Q \tag{6-1}$$

液体流量：

$$Q_{\mathrm{o}} = Q(1 - \varphi) - Q_{\mathrm{u}}(1 - \varphi_{\mathrm{u}}) \tag{6-2}$$

将式(6-1)和式(6-2)两式联立,可得:

$$Q_{\mathrm{o}} = \varphi_{\mathrm{f}} Q_{\mathrm{f}}(1/\varphi - 1/\varphi_{\mathrm{u}}) \tag{6-3}$$

式(6-3)两边除以 A,得:

$$Q_{\mathrm{o}}/A = (\varphi_{\mathrm{f}} Q_{\mathrm{f}}/A)(1/\varphi - 1/\varphi_{\mathrm{u}}) \tag{6-4}$$

或改写为:

$$u_{\mathrm{C}} = q(1/\varphi - 1/\varphi_{\mathrm{u}}) \tag{6-5}$$

式中　Q_{f}、Q_{o}、Q、Q_{u}——给料、溢流、槽内某液位处底流的固体混合物的流量,m³/h;

φ_{f}、φ、φ_{u}——给料、槽内某液位处底流的固体体积浓度,%;

A——沉降面积,m²;

q——固体通量,m³/(h/m²)。

式(6-4)、式(6-5)即为 C-C 方程,用以计算浓密机的面积。实际操作过程中,为了便于分析,统一使用 t/(h/m²)作为其单位。

(2) 计算过程

3.2.6 小节中,通过静态沉降实验获得了不同初始体积浓度 0.04~0.464 [(10~70)wt%]时的全尾砂静态沉降速度,并获得了其沉降曲线。利用前述 C-C 法对各浓度时的沉降曲线进行分析,从而获得其固体通量变化曲线,如图 6-6 所示。

(3) 结果分析

由图 6-6 可知,随着浓度的增加,固体通量逐步减小,从 2.83 t/(h/m²)降低至 0.14 t/(h/m²),浓度对于固体通量的影响是巨大的。另外,在初始给料浓度附近,基于沉降速度计算得出的固体通量值为 1.5~2.83 t/(h/m²),综合给料浓度变化范围,选择 2.0 t/(h/m²)作为其特征固体通量。

6.2.2　T-F 法

(1) 理论基础

设浓密机的底流浓度为 φ_{u},h_{u} 为静态沉降中沉积层浓度达到 φ_{u} 时沉积层的高度,由公式:

$$\varphi_{\mathrm{u}}/h_{\mathrm{u}} = \varphi_0/h_0 \tag{6-6}$$

得到:

$$\varphi_{\mathrm{s0}} h_0 = \varphi_z h_z = \varphi_{\mathrm{su}} h_{\mathrm{u}} \tag{6-7}$$

从而得到:

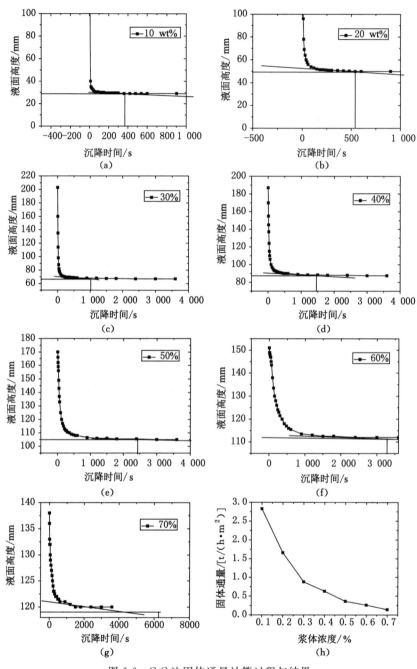

图 6-6　C-C 法固体通量计算过程与结果

$$\frac{1}{\varphi_x} - \frac{1}{\varphi_u} = \frac{h_z - h_u}{\varphi_0 h_0} \tag{6-8}$$

由 $q = \dfrac{u}{\dfrac{1}{\varphi_x} - \dfrac{1}{\varphi_u}}$ 与(6-8)联立,得:

$$q = \frac{(h_u - h_z)\varphi_0 h_x}{(h_u - h_z)t_u} = -\frac{\varphi_0 h_0}{t_u} \tag{6-9}$$

式(6-9)中,"—"代表固体通量方向向下。

浓密机的比单位面积,即单位处理量所需沉降面积 A 为:

$$A = -\frac{1}{q} = \frac{t_u}{\varphi_0 h_0} \tag{6-10}$$

由于 A 是标量,故在式前加"—"号。

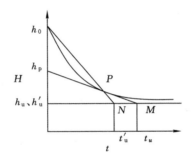

图 6-7　固体通量计算方法(T-F 法)

T-F 法的具体步骤是先做任一浓度的静态沉降实验。在沉降曲线上找到压缩点 P,过 P 点作曲线的切线。假设浓密机底流浓度为 φ_u,沉降初始高度为 h_0,在沉降曲线上作直线 $h = h_0$ 与过压缩点 P 的切线交于 $M(t_u, h_u)$,便可计算浓密机面积。

(2)计算过程

利用会泽矿全尾砂开展静态沉降实验,初始体积浓度 0.04(10 wt%),絮凝剂 20 g/t,结果如图 6-8 所示。

其中 $\varphi_0 = 10$ wt%,$\varphi_u = 63.5$ wt%,$h_0 = 925$ mm。与其对应的尾砂浆密度为:$\rho_0 = 1.032$ t/m³,$\rho_u = 1.553$,$h_0 = 925$ mm;由式(6-6)可得 $h_u = 615$ mm。

这样,在图 6-8 中作出平行于 x 轴的 615 mm 水平直线,找到 P 点然后作其切线,切线与 615 mm 水平直线相交于点 M,M 点对应位置的 x 轴的 t 即为式(6-10)中的 t_u,从图中可读出为 3 700 s 左右。再根据式(6-10)可得:

$$q = -(925 \text{ mm} \cdot 1.032 \text{ t/m}^3)/3\,700 \text{ s} \tag{6-11}$$

得到 $q = 0.929$ t/(h·m²)。

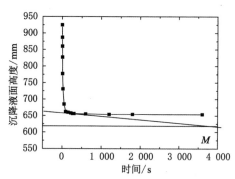

图 6-8　基于 T-F 法的沉降曲线

（3）结果分析

基于 T-F 法和实验结果可知，该全尾砂在絮凝剂单耗 20g/t 时的固体通量为 0.929 t/(h·m²)。

6.2.3　结果对比

不同方法固体通量计算结果对比如表 6-7 所示。由表 6-7 可知，关于固体通量的预测结果，C-C 法预测结果最大（>1），动态压缩法预测结果最小（0.61），T-F 法与基于沉降的动态预测法结果相近（0.9），绝对值位于其他两种方法之间。

表 6-7　固体通量计算结果对比

计算方法	C-C 法	T-F 法	动态沉降	动态压缩
固体通量/[t/(h·m²)]	1.5~2.83	0.929	0.88	0.61

6.2.4　深锥浓密机直径计算

云南会铅锌矿尾砂脱水浓密系统中深锥浓密机设计底流浓度（74~76）wt%，给料浓度（18~27）wt%，絮凝剂单耗 20 g/t，最小沉降速度 3.7 m/h。沉降实验中达到（74~76）wt% 底流浓度所需的时间为 5 h。日处理能力为 651~925 t，其中包括选矿厂尾砂 596~745 t/d 和尾矿库物料 55~180 t/d。日进料时间 24 h，日充填时间 10~12 h，因此，深锥浓密机内物料储存时间为 12~14 h。

深锥浓密机总高度 16 m，直径 11 m，有效容积 1 110 m³，最大床层高度

13.5 m,给料流量 118～134 m³/h,排料流量 56～67 m³/h。

利用四种方法对浓密机直径进行预测,并与工业实验值进行验证,结果如表 6-8 所示。

表 6-8 深锥浓密机直径验算结果对比

计算方法	C-C 法		T-F 法	动态沉降	动态压缩
固体通量/[t/(h·m²)]	1.5	2.83	0.929	0.88	0.61
预测浓密机直径/m	5.72	4.17	7.27	7.47	8.97
实际直径/m	11				
误差/%	47.99	62.13	33.91	32.10	18.44

表 6-8 中的数据是基于最大处理能力 925 t/d 计算得来的。结果表明,各种计算方法之间相差较大,但均小于实际直径。其中,C-C 法误差达到 47.99%～62.13%,T-F 法检测结果小于实际值 33.91%,基于沉降的动态预测结果与 T-F 法基本相同,小于实际值 32.1%;基于压缩的动态预测结果与实际值最接近,小于实际值 18.44%,误差减小了 13.66%～29.55%。

利用基于压缩的动态预测结果乘以放大系数 $i = 1.2$,可得较准确的结果:

$$D = 8.97 \times 1.2 = 10.77 \approx 11 \tag{6-12}$$

综上所述,基于压缩的动态预测值可作为浓密机直径的预测方法,直径计算式如下:

$$D = i \times 2\sqrt{Q/24q\pi} \tag{6-13}$$

式中　D——浓密机直径,m;

　　　Q——全尾砂日处理量,t/d;

　　　q——固体通量,t/(h·m²);

　　　i——放大系数,一般取 $i = 1.2$。

6.3　本章小结

本章基于固体通量对比,将床层力学研究和固体通量预测理论进行工程验证,开展了浓密机直径计算方法优化研究,主要结论如下:

(1) C-C 法的预测结果最大[>1 t/(h·m²)],动态压缩法的预测结果最小[0.61 t/(h·m²)],T-F 法与基于沉降的动态预测法的预测结果相近[0.9

t/(h·m²)〕,绝对值位于其他两种方法之间。

(2) 基于四种方法对会泽浓密机直径进行验算,结果表明,虽然各种计算方法之间相差较大,但均小于实际直径。其中,C-C 法的误差达到 47.99%～62.13%;T-F 法的检测结果小于实际值 33.91%;基于沉降的动态预测结果与 T-F 法基本相同,小于实际值 32.1%;基于压缩的动态预测与实际值最接近,小于实际值 18.44%。

(3) 利用基于压缩的动态预测结果乘以放大系数 $i=1.2$,可得较准确的结果,这种方法可作为浓密机直径的预测方法。

7　结　　论

7.1　主 要 结 论

　　高浓度全尾砂浆的制备是限制膏体充填技术推广应用的技术难题之一。在不断追求工艺简单、成本低廉的过程中,深锥浓密设备逐步取代其他脱水设备,成为现代膏体充填系统的核心组成部分。但是由于基础理论研究滞后,导致底流浓度不达标、搅拌驱动过载停机等工业事故频发。深锥浓密效率及效果取决于絮凝沉降、床层压缩、搅拌阻力。在自重-剪切耦合作用下的絮团结构和强度、导水通道的运移演化是决定全尾砂脱水速度和脱水浓度的内在原因。因此,开展以下方面的工作可为解决该瓶颈问题提供理论支撑:研究全尾砂絮团沉降行为,揭示絮团群搅拌浓密机理,完善设备关键参数设计理论等。

　　本书以会泽矿全尾砂膏体充填系统为研究背景,沿着从宏观到细观、从现象到机理、从定性到定量的整体思路,对上述各方面进行了深入研究,主要工作包括:

　　基于传统浓密理论和新型表征方法,建立了基于压缩理论的全尾砂深锥浓密动态模型,优化了固体通量计算方法,提出了新型浓密机直径计算公式;将尾砂浓密的研究深入至细观水平,基于高倍显微技术和 SEM 扫描技术,获取了絮团细观结构和导水通道分布图像;研究了尾砂与水之间的空间定量关系,提出了网状结构剪切导水模式假说,建立压缩屈服应力与剪切屈服应力的关系,从力学角度阐述了搅拌脱水机理。

　　主要结论如下:

　　(1) 引入高倍显微技术、SEM 扫描技术和分形原理,研究了絮团细观结构和导水通道分布的定量特征,提出了剪切排水模式假说,并建立了压缩屈服应力与剪切屈服应力关系方程,从力学的角度阐述了剪切排水机理。

　　① 随着絮凝剂单耗的增加,絮团尺寸由 0.128 mm 增加至 0.444 mm,后降低至 0.326 mm。絮团结构的分形维数亦表现为先增后降的趋势。絮团结

构的分形维数值越大,絮团越密实,床层内包含的水越少,絮团密度与液体密度之差越大,沉降速度越大。

② 随着床层深度的减小,表征导水通道尺寸和连通程度的分形维数呈下降趋势,深度越大,分形维数值越大。随着床层深度的增加,导水通道的分形维数从 1.169 增加至 1.586。

③ 提出了基于絮团结构和导水通道演化的剪切排水模型,耙架旋转对网状结构产生剪切压缩和剪切拉伸作用,尾砂颗粒位置重新排列,从而形成导水通道。

④ 压缩屈服应力与剪切屈服应力与浓度均呈指数关系,压缩屈服应力远大于剪切屈服应力。因此剪切作用更易破坏网状结构,是脱水的主要外力部动力。若无耙,则需要大大提高浓密机高度,形成深锥,以提供足够的压力破坏絮团。

(2) 根据三大守恒方程,建立了基于床层压缩过程的全尾砂深锥浓密动态模型,对固体通量值进行了预测。与传统预测方法对比后,证明新预测方法与工程实际误差最小,完善了浓密机的设计理论。

① 建立基于压缩屈服应力、干涉沉降系数、浓密机尺寸的深锥浓密动态数学模型。该模型能够预测连续状态下的浓密机固体通量,及达到一定底流浓度所需的床层高度。

② 动态沉降法的预测结果表明,在体积浓度 0.10~0.70 的范围内,固体通量范围为 0.011~0.88 t/(h·m²)。动态压缩法预测结果表明,在相同情况下,最大固体通量为 0.61 t/(h·m²),小于动态沉降法的预测结果。底流浓度越大,固体通量越小;床层高度越大,达到的底流浓度越高。

③ 基于四种方法对会泽浓密机直径进行验算,结果表明动态压缩法与实际值最接近,小于实际值 18.44%。C-C 法误差 47.99%~62.13%,T-F 法为 33.91%,动态沉降法为 32.1%,

④ 利用动态压缩法结果乘以放大系数 $i=1.2$,可得较准确的结果,因此该方法可作为浓密机直径的预测方法。

7.2 创新点

揭示了细观层面的全尾砂深锥浓密机理,首次提出了两种剪切导水模式假说。研究了絮团结构、导水通道的细观分形特征,建立了絮团网状结构抗压和抗拉强度参数关系,从力学的角度揭示了剪切脱水机理。

7.3　问题与展望

本书偏重于全尾砂深锥浓密机理和相关理论研究,着重于全尾砂在各个过程中的力学行为,落脚于扭矩和浓密机直径的计算。事实上,这些仅仅是浓密机理的一个方面,仍有许多问题需要进一步深化研究:

(1) 絮凝过程的物理-化学耦合作用研究。絮凝过程涉及颗粒表面电性与高分子絮凝剂活性基团之间的吸附桥连作用,既受颗粒形状、颗粒密度、表面粗糙度、湍流强度等物理性质的影响,又受表面性、电荷密度、基团类型、絮凝剂结构等化学因素的影响,而本书对于其化学因素的研究较少。

(2) 床层压缩排水过程与剪切作用的耦合机理研究。压缩区域水分的搅拌排出是深锥浓密机能够产出膏体的根本原因。剪切作用与压缩排水过程的相互作用过程不仅关系到高浓度物料的产生,而且是耙架驱动扭矩计算的物理基础。

(3) 固体通量预测方法的多元化。固体通量是浓密机直径设计的基础,本书通过动态模型的建立,优化了其计算和选择方法,使得直径的设计逼近了实际值,但是仍存在一定误差。需要寻求精度更高的固体通量预测方法。

参 考 文 献

[1] 吴鹏,胡建军.有色金属行业绿色矿山采矿技术现状[J].中国矿业,2016,
    25(S2):154-157.

[2] 滕吉文,乔勇虎,宋鹏汉.我国煤炭需求、探查潜力与高效利用分析[J].地
    球物理学报,2016,59(12):4633-4653.

[3] 于广明,宋传旺,潘永战,等.尾矿坝安全研究的国外新进展及我国的现状
    和发展态势[J].岩石力学与工程学报,2014,33(S1):3238-3248.

[4] 陈聪聪,赵怡晴,姜琳婧.尾矿库溃坝研究现状综述[J].矿业研究与开发,
    2019,39(6):103-108.

[5] 王昆,杨鹏,HUDSON-EDWARDS K,等.尾矿库溃坝灾害防控现状及发
    展[J].工程科学学报,2018,40(5):526-539.

[6] 周爱民.国内金属矿山地下采矿技术进展[J].中国金属通报,2010(27):
    17-19.

[7] 陈春利,余洋.尾矿坝溃决泥石流及其防范[J].城市与减灾,2019(3):
    41-45.

[8] 古德生,周科平.现代金属矿业的发展主题[J].金属矿山,2012(7):1-8.

[9] KE X,ZHOU X,WANG X S,et al. Effect of tailings fineness on the pore
    structure development of cemented paste backfill[J]. Construction and
    building materials,2016,126:345-350.

[10] YIN S H,SHAO Y J,WU A X,et al. A systematic review of paste
     technology in metal mines for cleaner production in China[J]. Journal
     of cleaner production,2020,247:119590.

[11] 王丽红,鲍爱华,罗园园.中国充填技术应用与展望[J].矿业研究与开
     发,2017,37(3):1-7.

[12] 阎文庆.国内外尾矿贮存堆放方法及应用[J].金属矿山,2016(9):1-14.

[13] 姚中亮.结构流体胶结充填技术应用及展望[J].矿业研究与开发,2016,
     36(10):39-45.

[14] 郭利杰,杨小聪,许文远,等.基于选矿流程的尾矿优选组合膏体充填技术[J].中国矿业,2017,26(4):99-104.

[15] LI H Y,PEDROSA S,CANFELL A. Case study-bauxite residue management at Rio Tinto Alcan Gove,Northern Territory,Australia[C]//Proceedings of the 14th International Seminar on Paste and Thickened Tailings. Australian Centre for Geomechanics,Perth,2011:5-7.

[16] ARJMAND R,MASSINAEI M,BEHNAMFARD A. Improving flocculation and dewatering performance of iron tailings thickeners[J]. Journal of water process engineering,2019,31:100873.

[17] 郭雷,王会来,孙学森,等.白音查干多金属矿全尾砂膏体充填与膏体堆存联合处置系统设计和建设[J].中国矿山工程,2017,46(6):1-6.

[18] 吴爱祥,杨莹,程海勇,等.中国膏体技术发展现状与趋势[J].工程科学学报,2018,40(5):517-525.

[19] 谢丹丹,童雄,谢贤,等.浓密机在选矿中的应用现状及研究进展[J].矿产保护与利用,2015(2):73-78.

[20] 于润沧.我国充填工艺创新成就与尚需深入研究的课题[J].采矿技术,2011,11(3):1-3.

[21] 王谦源,王海龙,任晓云.矿山充填有关问题与低成本充填技术[J].矿业研究与开发,2016,36(1):42-44.

[22] 张开放,杨宝贵,杨海刚,等.东庞矿高浓度胶结充填材料的试验研究[J].煤炭科学技术,2013,41(S2):60-63.

[23] SETIAWAN R,KEONG TAN C,BAO J,et al. Model predictive control of a paste thickener in coal handling and preparation plants[J]. IFAC proceedings volumes,2013,46(32):247-252.

[24] 李公成,王洪江,吴爱祥,等.全尾砂无耙深锥稳态浓密性能分析[J].工程科学学报,2019,41(1):60-66.

[25] 王新民,张国庆,赵建文,等.深锥浓密机底流浓度预测与外部结构参数优化[J].重庆大学学报,2015,38(6):1-7.

[26] WU A X,RUAN Z E,BÜRGER R,et al. Optimization of flocculation and settling parameters of tailings slurry by response surface methodology[J]. Minerals engineering,2020,156:106488.

[27] 杨宁,尹贤刚,钟勇,等.全尾砂絮凝沉降试验研究[J].中国钨业,2017,32(5):21-26.

[28] REIS L G,OLIVEIRA R S,PALHARES T N,et al. Using acrylamide/ propylene oxide copolymers to dewater and densify mature fine tailings [J]. Minerals engineering,2016,95:29-39.

[29] 康虔,王运敏,贺严,等.固液两相耦合条件下全尾砂连续沉降规律研究 [J].黄金科学技术,2019,27(6):896-902.

[30] DU J H,PUSHKAROVA R A,SMART R S C. A cryo-SEM study of aggregate and floc structure changes during clay settling and raking processes[J]. International journal of mineral processing,2009,93(1): 66-72.

[31] TOMBÁCZ E,SZEKERES M. Surface charge heterogeneity of kaolinite in aqueous suspension in comparison with montmorillonite[J]. Applied clay science,2006,34(1/2/3/4):105-124.

[32] 王志凯,杨鹏,吕文生,等.超声波作用下尾砂浆浓密沉降及放砂[J].工程科学学报,2017,39(9):1313-1320.

[33] 于少峰,张爱卿.基于絮凝沉降实验的膏体充填参数优化[J].铜业工程, 2018(2):17-21.

[34] HENRIKSSON B. Mining:the evolution of thickening rake mechanisms [J]. Filtration & separation,2005,42(10):26-27.

[35] 杨莹,吴爱祥,王洪江,等.基于泥层高度的耙架扭矩力学模型及机理分析[J].中南大学学报(自然科学版),2019,50(1):165-171.

[36] 王智龙,沈景凤,靳美娜,等.基于Workbench的浓密机中心轴的优化与分析[J].农业装备与车辆工程,2018,56(1):63-67.

[37] TAN C K,BAO J,BICKERT G. A study on model predictive control in paste thickeners with rake torque constraint[J]. Minerals engineering, 2017,105:52-62.

[38] 王洪江,周旭,吴爱祥,等.膏体浓密机扭矩计算模型及其影响因素[J]. 工程科学学报,2018,40(6):673-678.

[39] GÁLVEZ E D,CRUZ R,ROBLES P A,et al. Optimization of dewatering systems for mineral processing[J]. Minerals engineering,2014,63: 110-117.

[40] 张钦礼,王石,王新民.絮凝剂单耗对全尾砂浆浑液面沉速的影响规律 [J].中国有色金属学报,2017,27(2):318-324.

[41] 隋璨,王晓军,王新民,等.全尾砂絮凝沉降中APAM单耗对不同粒级颗

粒絮凝作用规律及机理研究[J].矿业研究与开发,2020,40(5):67-74.

[42] 诸利一,吕文生,杨鹏,等.声波对全尾砂浓密沉降的影响[J].中国有色金属学报,2019,29(12):2850-2859.

[43] 阮竹恩,吴爱祥,王建栋,等.基于絮团弦长测定的全尾砂絮凝沉降行为[J].工程科学学报,2020,42(8):980-987.

[44] NASSER M S,JAMES A E. Effect of polyacrylamide polymers on floc size and rheological behaviour of kaolinite suspensions[J].Colloids and surfaces A:physicochemical and engineering aspects,2007,301(1/2/3):311-322.

[45] 饶运章,邵亚建,肖广哲,等.聚羧酸减水剂对超细全尾砂膏体性能的影响[J].中国有色金属学报,2016,26(12):2647-2655.

[46] EJTEMAEI M,RAMLI S,OSBORNE D,et al. Synergistic effects of surfactant-flocculant mixtures on ultrafine coal dewatering and their linkage with interfacial chemistry[J]. Journal of cleaner production,2019,232:953-965.

[47] 李公成,王洪江,焦华喆,等.稳态浓密机全尾砂脱水规律物理模拟[J].中国有色金属学报,2019,29(3):649-658.

[48] DWARI R K,ANGADI S I,TRIPATHY S K. Studies on flocculation characteristics of chromite's ore process tailing:Effect of flocculants ionicity and molecular mass[J]. Colloids and surfaces A:physicochemical and engineering aspects,2018,537:467-477.

[49] 温震江,杨晓炳,李立涛,等.基于RSM-BBD的全尾砂浆絮凝沉降参数选择及优化[J].中国有色金属学报,2020,30(6):1437-1445.

[50] 李宗楠,郭利杰,魏晓明,等.尾砂浆干扰絮凝沉降机理研究[J].黄金科学技术,2019,27(2):265-270.

[51] 张景,王泽南,宋树磊.煤泥水pH值对絮凝沉降效果的影响[J].洁净煤技术,2011,17(5):16-18.

[52] 张钦礼,刘伟军,王新民,等.充填膏体流变参数优化预测模型[J].中南大学学报(自然科学版),2018,49(1):124-130.

[53] 史秀志,陈飞,卢二伟,等.超细粒级浸出渣絮凝沉降特性试验研究[J].矿冶工程,2018,38(2):1-5.

[54] 李婷,张春雷,廖岩.疏浚泥浆的混凝沉降特性及絮体形态[J].科学技术与工程,2020,20(3):1283-1287.

[55] 隋淑梅,苏荣华,海龙,等.不同絮凝剂对铁尾矿的絮凝效果试验研究 [J].应用基础与工程科学学报,2017,25(4):835-844.

[56] 李伟荣,刘令云,闵凡飞,等.pH值对微细高岭石颗粒聚团特性的影响机 理[J].中国矿业大学学报,2016,45(5):1022-1029.

[57] 章青芳,肖宇强,乔晨,等.磁性膨润土絮凝剂沉降煤泥水的机理分析 [J].太原理工大学学报,2017,48(4):545-550.

[58] ZBIK M S,SMART R S C,MORRIS G E. Kaolinite flocculation structure[J]. Journal of colloid and interface science,2008,328(1):73-80.

[59] RAMOS J J,LEIVA W H,CASTILLO C N,et al. Seawater flocculation of clay-based mining tailings:impact of calcium and magnesium precipitation[J]. Minerals engineering,2020,154:106417.

[60] 沈青峰.矿山酸性废水中和处理工艺优化研究[J].金属矿山,2019(3): 189-193.

[61] 焦华喆,刘晨生,吴爱祥,等.初始湍流强度与耙架剪切对全尾砂絮凝行 为的影响[J].工程科学与技术,2020,52(2):54-61.

[62] 甘恒.微涡旋对尾矿絮凝沉降的影响探究[D].南宁:广西大学,2018.

[63] NEELAKANTAN R,VAEZI G F,SANDERS R S. Effect of shear on the yield stress and aggregate structure of flocculant-dosed,concentrated kaolinite suspensions[J]. Minerals engineering,2018,123:95-103.

[64] 吴爱祥,王勇,王洪江.导水杆数量和排列对尾矿浓密的影响机理[J].中 南大学学报(自然科学版),2014,45(1):244-248.

[65] 王学涛,崔宝玉,魏德洲,等.浓密机内部流场数值模拟研究进展[J].金 属矿山,2019(11):161-168.

[66] DU J H,MCLOUGHLIN R,SMART R S C. Improving thickener bed density by ultrasonic treatment[J]. International journal of mineral processing,2014,133:91-96.

[67] 黄忠钊,谭立新.一种改进的聚合模型在污泥絮凝-沉降模拟中的应用 [J].长江科学院院报,2017,34(3):8-13.

[68] SAXENA K,BRIGHU U. Comparison of floc properties of coagulation systems:effect of particle concentration,scale and mode of flocculation [J]. Journal of environmental chemical engineering, 2020, 8 (5):104311.

[69] 阮晓东,刘俊新.活性污泥絮体的分形结构分析[J].环境科学,2013,34

(4):1457-1463.

[70] 侯贺子,李翠平,王少勇,等.全尾矿浓密压密区细观结构研究[J].金属矿山,2019(3):73-78.

[71] 刘林双,陈萌,杨国录,等.三维空间下非均匀泥沙絮团分形维数计算方法比较[J].应用力学学报,2012,29(6):661-665.

[72] ZHANG Y Q,GAO W J,FATEHI P. Structure and settling performance of aluminum oxide and poly(acrylic acid) flocs in suspension systems[J]. Separation and purification technology,2019,215:115-124.

[73] 范杨臻,杨国录,陆晶,等.电离作用下黏性细颗粒泥沙絮凝沉降数值模拟[J].华中科技大学学报(自然科学版),2015,43(2):103-108.

[74] 赵静,付晓恒,王婕,等.超净煤制备过程中絮团生长的多重分形行为研究[J].煤炭工程,2016,48(4):125-128.

[75] 程海勇,吴顺川,吴爱祥,等.基于膏体稳定系数的级配表征及屈服应力预测[J].工程科学学报,2018,40(10):1168-1176.

[76] ANGLE C W,GHARIB S. Effects of sand and flocculation on dewaterability of Kaolin slurries aimed at treating mature oil sands tailings[J]. Chemical engineering research and design,2017,125:306-318.

[77] LIANG L,PENG Y L,TAN J K,et al. A review of the modern characterization techniques for flocs in mineral processing[J]. Minerals engineering,2015,84:130-144.

[78] GUO S J,ZHANG F H,SONG X G,et al. Deposited sediment settlement and consolidation mechanisms[J]. Water science and engineering,2015,8(4):335-344.

[79] 李婷,张春雷,廖岩.疏浚泥浆的混凝沉降特性及絮体形态[J].科学技术与工程,2020,20(3):1283-1287.

[80] 吴爱祥,李红,程海勇,等.全尾砂膏体流变学研究现状与展望(上):概念、特性与模型[J].工程科学学报,2020,42(7):803-813.

[81] 郑耀林,章荣军,郑俊杰,等.絮凝-固化联合处理超高含水率吹填淤泥浆的试验研究[J].岩土力学,2019,40(8):3107-3114.

[82] WU C R,HONG Z Q,YIN Y H,et al. Mechanical activated waste magnetite tailing as pozzolanic material substitute for cement in the preparation of cement products[J]. Construction and building materials,2020,252:119129.

［83］卞继伟,张钦礼,王浩.基于 L 管试验的似膏体管流水力坡度模型[J].中国矿业大学学报,2019,48(1):23-28.

［84］GAO J L,FOURIE A. Using the flume test for yield stress measurement of thickened tailings[J]. Minerals engineering,2015,81:116-127.

［85］ADIGUZEL D,BASCETIN A. The investigation of effect of particle size distribution on flow behavior of paste tailings[J]. Journal of environmental management,2019,243:393-401.

［86］刘晓辉,吴爱祥,王洪江,等.膏体流变参数影响机制及计算模型[J].工程科学学报,2017,39(2):190-195.

［87］IHLE C F,TAMBURRINO A. Analytical solutions for the flow depth of steady laminar,Bingham plastic tailings down wide channels[J]. Minerals engineering,2018,128:284-287.

［88］吴爱祥,刘晓辉,王洪江,等.考虑时变性的全尾膏体管输阻力计算[J].中国矿业大学学报,2013,42(5):736-740.

［89］CHENG H Y,WU S C,LI H,et al. Influence of time and temperature on rheology and flow performance of cemented paste backfill[J]. Construction and building materials,2020,231:117117.

［90］JIANG G Z,WU A X,WANG Y M,et al. The rheological behavior of paste prepared from hemihydrate phosphogypsum and tailing[J]. Construction and building materials,2019,229:116870.

［91］吴爱祥,焦华喆,王洪江,等.膏体尾矿屈服应力检测及其优化[J].中南大学学报(自然科学版),2013,44(8):3370-3376.

［92］LIU L,FANG Z Y,WANG M,et al. Experimental and numerical study on rheological properties of ice-containing cement paste backfill slurry[J]. Powder technology,2020,370:206-214.

［93］ROSHANI A,FALL M. Rheological properties of cemented paste backfill with nano-silica:link to curing temperature[J]. Cement and concrete composites,2020,114:103785.

［94］PANCHAL S,DEB D,SREENIVAS T. Mill tailings based composites as paste backfill in mines of U-bearing dolomitic limestone ore[J]. Journal of rock mechanics and geotechnical engineering,2018,10(2):310-322.

［95］PANCHAL S,DEB D,SREENIVAS T. Variability in rheology of cemented paste backfill with hydration age,binder and superplasticizer dosages[J]. Advanced powder technology,2018,29(9):2211-2220.

[96] 杨志强,高谦,王永前,等.金川全尾砂-棒磨砂混合充填料胶砂强度与料浆流变特性研究[J].岩石力学与工程学报,2014,33(S2):3985-3991.

[97] BEHERA S K,GHOSH C N,MISHRA D P,et al. Strength development and microstructural investigation of lead-zinc mill tailings based paste backfill with fly ash as alternative binder[J]. Cement and concrete composites,2020,109:103553.

[98] XUE Z L,GAN D Q,ZHANG Y Z,et al. Rheological behavior of ultra-fine-tailings cemented paste backfill in high-temperature mining conditions[J]. Construction and building materials,2020,253:119212.

[99] 焦华喆,吴爱祥,王贻明,等.赞比亚谦比希铜矿全尾砂膏体充填物料特性与优化[J].有色金属工程,2015,5(6):64-68.

[100] 张钦礼,王石,王新民,等.不同质量浓度下阴离子型聚丙烯酰胺对似膏体流变参数的影响[J].中国有色金属学报,2016,26(8):1794-1801.

[101] 王勇,吴爱祥,王洪江,等.全尾膏体动态压密特性及其数学模型[J].岩土力学,2014,35(S2):168-172.

[102] 王卫,杨金艳.深锥浓密机刮泥功率的确定及扩能改造功率校核[J].黄金,2014,35(4):48-50.

[103] GARMSIRI M R,UNESI M. Challenges and opportunities of hydrocyclone-thickener dewatering circuit:a pilot scale study[J]. Minerals engineering,2018,122:206-210.

[104] JIAO H Z,WANG S F,YANG Y X,et al. Water recovery improvement by shearing of gravity-thickened tailings for cemented paste backfill[J]. Journal of cleaner production,2020,245:118882.

[105] 王学涛,崔宝玉,魏德洲,等.浓密机内部流场数值模拟研究进展[J].金属矿山,2019(11):161-168.

[106] 王新民,张国庆,赵建文,等.深锥浓密机底流浓度预测与外部结构参数优化[J].重庆大学学报,2015,38(6):1-7.

[107] 李辉,王洪江,吴爱祥,等.基于尾砂沉降与流变特性的深锥浓密机压耙分析[J].北京科技大学学报,2013,35(12):1553-1558.

[108] 李公成,王洪江,吴爱祥,等.基于动态沉降压密实验的深锥浓密机关键参数确定[J].中国有色金属学报,2017,27(8):1693-1700.

[109] RUDMAN M,PATERSON D A,SIMIC K. Efficiency of raking in

gravity thickeners[J]. International journal of mineral processing, 2010,95(1/2/3/4):30-39.

[110] 徐帅,周兴龙,刘肖楚,等.浓密机发展历程、分类及其高效化改进研究现状[J].金属矿山,2021(5):167-176.

[111] 齐兆军,盛宇航,吕志文,等.深锥浓密机在福建某金矿的应用研究[J].矿冶工程,2018,38(6):71-73.

[112] 谢丹丹,童雄,谢贤,等.浓密机在选矿中的应用现状及研究进展[J].矿产保护与利用,2015(2):73-78.

[113] QI C C,FOURIE A. Cemented paste backfill for mineral tailings management:review and future perspectives[J]. Minerals engineering, 2019,144:106025.

[114] 肖东升,韩晓熠,李强.一种新型高效斜窄流浓密机的研究[J].现代矿业,2016,32(4):106-107.

[115] 商鹏,闫晓阳,赵嫦虹,等.新型浓密机耙架的设计与研究[J].煤炭技术,2014,33(8):189-192.

[116] 余冰,刘振民.浓密机控制逻辑分析[J].有色冶金设计与研究,2019,40(4):22-24.

[117] DE SERBON J C,MAC-NAMARA L,SCHOENBRUNN F. Application of the FLSmidth deep cone technology to the fertilizer plants in OCP[J]. Procedia engineering,2016,138:314-318.

[118] 杨柳华,王洪江,吴爱祥,等.基于循环系统的膏体浓密机底流调控及其数学模型[J].工程科学学报,2017,39(10):1507-1511.

[119] 陈辉,王洪江,吴爱祥,等.哈尔滨某矿深锥浓密机的应用改造[J].金属矿山,2015(5):158-161.

[120] 王星,瞿圆媛,胡伟伟,等.尾矿浆絮凝沉降影响因素的试验研究[J].金属矿山,2008(5):149-151.

[121] MA J,WANG R N,WANG X Y,et al. Drinking water treatment by stepwise flocculation using polysilicate aluminum magnesium and cationic polyacrylamide[J]. Journal of environmental chemical engineering,2019,7(3):103049.

[122] 李素敏,郭鑫,田应忠.铝土矿浮选精矿和尾矿沉降性能研究[J].轻金属,2017(2):7-12.

[123] 夏富青.智慧矿山建设带来绿意盎然[J].中国有色金属,2016(23):

62-63.

[124] 刘慧.基于 CT 图像处理的冻结岩石细观结构及损伤力学特性研究[D].西安:西安科技大学,2013.

[125] 阳树洪.灰度图像阈值分割的自适应和快速算法研究[D].重庆:重庆大学,2014.

[126] 张连英.高温作用下泥岩的损伤演化及破裂机理研究[D].徐州:中国矿业大学,2012.

[127] 徐飞.MATLAB 应用图像处理[M].西安:西安电子科技大学出版社,2002.

[128] NASSER M S,JAMES A E. The effect of polyacrylamide charge density and molecular weight on the flocculation and sedimentation behaviour of kaolinite suspensions[J]. Separation and purification technology,2006,52(2):241-252.

[129] GARRIDO P,BURGOS R,CONCHA F,et al. Software for the design and simulation of gravity thickeners[J]. Minerals engineering,2003,16(2):85-92.

[130] BUSCALL R,WHITE L R. The consolidation of concentrated suspensions. Part 1,the theory of sedimentation[J]. Journal of the chemical society,faraday transactions 1:physical chemistry in condensed phases,1987,83(3):873.

[131] TRIPATHY T,BHAGAT R P,SINGH R P. The flocculation performance of grafted sodium alginate and other polymeric flocculants in relation to iron ore slime suspension[J]. European polymer journal,2001,37(1):125-130.

[132] 肖刚,应晓芳,高飞,等.基于邻域灰度差值的二维 O$_{tsu}$ 分割方法研究[J].计算机应用研究,2009,26(04):1544-1545.

[133] ROBLES A,RUANO M V,RIBES J,et al. A filtration model applied to submerged anaerobic MBRs(SAnMBRs)[J]. Journal of membrane science,2013,444:139-147.

[134] MERINO F,PENACHO L,IRIBARREN M,et al. System and method for filtration of liquids:US9782704[P]. 2017-10-10.

[135] XU Y M,WU J Y,DABROS T,et al. Investigation on alternative disposal methods for froth treatment tailings. Part 2,recovery of asphalt-

enes[J]. The Canadian journal of chemical engineering,2013,91(8): 1358-1364.

[136] 宣科佳,王毅力,魏科技,等.A～21O 工艺中好氧污泥絮体的分形结构与理化特征分析[J].环境科学,2009,30(7):2013-2021.

[137] 肖莹,龚自霞,高翔宇.基于 MATLAB 的医学图像二值化算法的实现[J].电脑知识与技术,2013,9(16):3842-3844.

[138] 刘玉红,王志芳,杨佳仪,等.彩色图像二值化算法及应用[J].中国医学物理学杂志,2013,30(1):3873-3876.

[139] 裴沛.基于边缘梯度方向的图像二值化方法[J].计算机与现代化,2013(5):73-76.

[140] 彭小奇,陈思超,宋彦坡,等.悬浮流中浮升气泡运动的数值模拟[J].中国有色金属学报,2013,23(11):3232-3241.

[141] 丁保华,李文超,王福明.分形图像分析与分形维数计算程序的设计[J].北京科技大学学报,1999,21(3):304-307.

[142] LIDDEL P V,BOGER D V. Yield stress measurements with the vane [J]. Journal of non-newtonian fluid mechanics, 1996, 63 (2/3): 235-261.

[143] BAUER E,DE SOUSA J G G,GUIMARÃES E A,et al. Study of the laboratory vane test on mortars[J]. Building and environment,2007, 42(1):86-92.

[144] SAAK A W,JENNINGS H M,SHAH S P. A generalized approach for the determination of yield stress by slump and slump flow[J]. Cement and concrete research,2004,34(3):363-371.

[145] ROUSSEL N, STEFANI C, LEROY R. From mini-cone test to Abrams cone test:measurement of cement-based materials yield stress using slump tests[J]. Cement and concrete research, 2005, 35 (5): 817-822.

[146] KY GAWU S,FOURIE A B. Assessment of the modified slump test as a measure of the yield stress of high-density thickened tailings[J]. Canadian geotechnical journal,2004,41(1):39-47.

[147] NGUYEN Q D,BOGER D V. Application of rheology to solving tailings disposal problems[J]. International journal of mineral processing,1998,54(3/4):217-233.

[148] ALDERMAN N J,MEETEN G H,SHERWOOD J D. Vane rheometry of bentonite gels[J]. Journal of non-newtonian fluid mechanics,1991, 39(3):291-310.

[149] LIDDEL P V,BOGER D V. Yield stress measurements with the vane [J]. Journal of non-newtonian fluid mechanics, 1996, 63 (2/3): 235-261.

[150] BASSOULLET P,LE HIR P. In situ measurements of surficial mud strength:a new vane tester suitable for soft intertidal muds[J]. Continental shelf research,2007,27(8):1200-1205.

[151] FRIEND P L,CIAVOLA P,CAPPUCCI S,et al. Bio-dependent bed parameters as a proxy tool for sediment stability in mixed habitat intertidal areas[J]. Continental shelf research, 2003, 23(17/18/19): 1899-1917.

[152] NASSER M S,JAMES A E. Compressive and shear properties of flocculated kaolinite-polyacrylamide suspensions[J]. Colloids and surfaces a: physicochemical and engineering aspects, 2008, 317 (1/2/3): 211-221.

[153] FERRY J D. Viscoelastic properties of polymers[M]. 3th ed. New York:John Wiley & Sons. ,1980.

[154] STEFFE J F. Rheological methods in food process engineering[M]. 2th ed. East Lansing:Freeman Press,1996.

[155] BALABAN M,CARRILLO A R,KOKINI J L. A computerized method to analyze the creep behavior of viscoelastic foods[J]. Journal of texture studies,1988,19(2):171-183.

[156] BOGER D V. Rheology and the resource industries[J]. Chemical engineering science,2009,64(22):4525-4536.

[157] 吴爱祥,焦华喆,王洪江,等. 深锥浓密机搅拌刮泥耙扭矩力学模型[J]. 中南大学学报(自然科学版),2012,43(4):1469-1474.

[158] SAAK A W,JENNINGS H M,SHAH S P. The influence of wall slip on yield stress and viscoelastic measurements of cement paste[J]. Cement and concrete research,2001,31(2):205-212.

[159] PASHIAS N,BOGER D V,SUMMERS J,et al. A fifty cent rheometer for yield stress measurement[J]. Journal of rheology,1996,40(6):

1179-1189.

[160] OWEN A T,NGUYEN T V,FAWELL P D. The effect of flocculant solution transport and addition conditions on feedwell performance in gravity thickeners[J]. International journal of mineral processing, 2009,93(2):115-127.

[161] WALLEVIK J E. Relationship between the Bingham parameters and slump[J]. Cement and concrete research,2006,36(7):1214-1221.

[162] 吴爱祥,孙业志,刘湘平.散体动力学理论及其应用[M].北京:冶金工业出版社,2002.

[163] COMINGS E W,PRUISS C E,DEBORD C. Continuous settling and thickening[J]. Industrial & engineering chemistry, 1954, 46 (6): 1164-1172.